Oktay Aksu

Depremsel Konum Değişimlerinde Fotogrametrik Yöntemlerin Kullanılması

Oktay Aksu

Depremsel Konum Değişimlerinde Fotogrametrik Yöntemlerin Kullanılması

Türkiye Alim Kitapları

Impressum / Yayınevi adı
Bibliografische Information der Deutschen Nationalbibliothek: Die Deutsche Nationalbibliothek verzeichnet diese Publikation in der Deutschen Nationalbibliografie; detaillierte bibliografische Daten sind im Internet über http://dnb.d-nb.de abrufbar.

Deutsche Nationalbibliothek tarafından yayınlanan bibliyografik bilgiler: Deutsche Nationalbibliothek, bu yayını Deutsche Nationalbibliografie'de listeler; detaylı bibliyografik bilgi İnternet'te http://dnb.d-nb.de sitesinde mevcuttur.

Coverbild / Kitap kapağı resmi: www.ingimage.com

Verlag / Yayıncı:
Türkiye Alim Kitapları
ist ein Imprint der / yayınevinin bir ticari markasıdır
OmniScriptum GmbH & Co. KG
Heinrich-Böcking-Str. 6-8, 66121 Saarbrücken, Deutschland / Almanya
Email / E-posta: info@turkiye-alim-kitaplary.com

Herstellung: siehe letzte Seite /
Basım yeri: son sayfaya bakın
ISBN: 978-3-639-67220-6

Zugl. / Approved by: İstanbul Teknik Üniversitesi, 2002, Doktora Tezi

ÖNSÖZ

Bu çalışmam süresince değerli katkıları ile bana destek olup, ilgi ve yardımlarını esirgemeyen, yapıcı eleştirileri ile yönlendiren tez danışmanım ve jüri üyeleri Prof.Dr. Sayın Gönül TOZ, Prof.Dr. Sayın M.Orhan ALTAN, Prof.Dr. Sayın Haluk EYİDOĞAN, Prof. Dr. Sayın Ahmet YAŞAYAN ve Prof.Dr. Sayın Onur GÜRKAN´a, uygulama çalışmalarında önemli yardımlarını gördüğüm Mühendis arkadaşlarım Mustafa ERDOĞAN, Okan ATAK, Altan YILMAZ ve Bülent ÇETİNKAYA'ya teşekkürlerimi sunarım.

Ayrıca bu çalışma dolayısıyla yaptığımız görüşmelerde her zaman sıcak ilgi ve desteğini gördüğüm Prof.Dr. Aykut BARKA'ya tanrıdan rahmet dilerim.

Şubat 2002 Oktay AKSU

İÇİNDEKİLER

KISALTMALAR

RADAR	: RAdio Detection And Ranging
RAR	: Real Aperture Radar
SAR	: Synthetic Aperture Radar
SLAR	: Side Looking Airborne Radar
SAM	: Sayısal Arazi Modeli
ERS	: European Remote Sensing Satellite
SRTM	: Shuttle Radar Topography Mission
TM	: Thematic Mapper
HRV	: High Resolution Visible
MSS	: Multi Spectral Scanner
PCA	: Principal Component Analysis
INS	: Inertial Navigation System
DEM	: Digital Elevation Model
DTM	: Digital Terrain Model
DSM	: Digital Surface Model
SYM	: Sayısal Yükseklik Modeli

TABLO LİSTESİ

Sayfa No

ŞEKİL LİSTESİ

SEMBOL LİSTESİ

c	: Işık hızı
λ	: Dalga boyu
ϕ	: İnterferometrik faz
$\Delta\phi$	: İnterferometrik faz farkı
x	: Filtrelenmiş piksel değeri
Cov	: Varyans-Kovaryans matrisi
EV	: Öz vektörler
E	: Öz değerler
$\mathbf{R_{kp}}$	: Korelasyon katsayısı
BV	: Herhangi bir pikselin parlaklık değeri

ÖZET

Zemin sıvılaşması; belirli bir miktar suyun altında kalan toprak tortusunun, maruz kaldığı ani dış basıncın etkisiyle yükselmesi ve zeminin geçici olarak yapışkan bir sıvı gibi görüntü sergilemesi, gücünü kaybetmesi işlemidir.

Toprakta sıvılaşmaya neden olan hareketler, sismik dalgalar ve özellikle de makaslama dalgalarıdır. Nemli topraklarda yani, toprak partiküllerinin arasının su ile dolu olduğu arazi kesimlerinde ortaya çıkan bir olaydır.

Sıvılaşma alanlarında alınabilecek önlemler, tahmin edilen yer sarsıntısının etkisine dayanabilecek biçiminde güçlendirilmiş yapı inşaası, uygun tip ve derinlikte temel kullanımı ve sıvılaşma potansiyeline sahip toprağın stabilize edilmesi şeklinde özetlenebilir.

Deprem sonrası ortaya çıkan sıvılaşma ve fay hareketlerinin neden olduğu hasarların ve konumsal değişimlerin belirlenmesinde, fotogrametri ve uzaktan algılama veri ve yöntemleri de kullanılmaktadır.

Uydu görüntüleri ve özellikle interferometrik SAR (Synthetic Aperture Radar) görüntüleri; değişim belirlemede, fay genişliğini ve uzunluğunu ölçmede hızlı ve güvenilir bilgi sağlayan kaynaklar arasında yer almaktadır.

Interferometre; aynı bölgeye ilişkin, çok az farklılıkta iki uydu yörüngesinden, iki ayrı görüntü alınması üzerine dayalı bir tekniktir. Iki görüntüye ilişkin faz bilgileri birbiri üzerine bindirilir. Her bir piksele ait iki faz değeri çıkarılır ve iki orijinal görüntü arasındaki faz farklarının kaydedildiği bir interferogram elde edilir. Faz farkları her pikseldeki uçuş yüksekliği değişimlerini verir ve bir sayısal yükseklik modeli elde edilmesine olanak sağlar.

Uzaktan algılama görüntüleri ile değişim belirlemede etken faktörler; zamansal, konumsal ve spektral ayırma gücü ile radyometrik çözünürlüktür. Yani, görüntü çiftlerinin yılın aynı zamanlarında, aynı daimi bakış açısıyla, aynı algılayıcı ile aynı çözünürlükte temin edilmiş olması elde edilecek sonuçların güvenilirlik düzeyini etkileyen konulardır.

Tezin konusu kapsamında; hava fotoğrafları ve Landsat 7 uydu görüntüleri kullanılarak, İzmit Körfezi ve Sapanca Gölü Bölgesinde fotogrametrik yöntemler ile ölçümler yapılmıştır.

17 Ağustos 1999 tarihli Marmara Depremini takiben, Harita Genel Komutanlığınca bölgede jeodezik çalışmalar yapılmış ve 1/16.000 ölçekli hava fotoğrafları çekilmiştir. Bu veriler kullanılarak toplam 860 pafta 1/5000 ölçekli ortofoto harita üretilmiştir. Yine bu bölgenin 1994 yılında çekilmiş 1/35.000 ölçekli hava

fotoğrafları mevcuttur. Her iki veri grubu kullanılarak; Sapanca Gölü çevresinde üç ayrı bölge seçilmiş ve resimler üzerinde mümkün olduğunca çok sayıda ve her yöne dağılmış olmak üzere ortak detaylar belirlenmiştir. Sayısal fotogrametrik kıymetlendirme sistemlerinde bu detayların koordinatları ölçülmüş ve koordinat farklarından yararlanarak harekat vektörleri elde edilmiştir.

Sapanca Gölü kuzeyinde (Eşme Bölgesi), faylanmaya bağlı olarak X yönünde 2.35 m, Y yönünde –0.43 m, Z yönünde 0.62 m, Sapanca Gölü batı köşesinde her yöne dağınık hareketler ve Sapanca Oteli Bölgesinde ise sıvılaşma nedeniyle kuzeye doğru bir hareket belirlenmiş olup, 1.70 m düzeyinde çökme tespit edilmiştir.

Gölcük Bölgesini içeren hava fotoğraflarından yararlanarak, sayısal fotogrametrik kıymetlendirme sistemlerinde otomatik korelasyon ile Sayısal Yükseklik Modelleri (SYM) elde edilmiştir. Oluşan boşluklar ve hatalı noktalar editleme yöntemiyle doldurulduktan sonra, deprem öncesi ve sonrası duruma ilişkin SYM farkları elde edilmiştir. Sonuçlar; bölgenin depremden sonra üretilen 1/5000 ölçekli ortofoto haritaları ile karşılaştırıldığında, çöken binaların büyük bir bölümünün doğru tespit edildiğini göstermektedir.

Benzeri bir çalışma, daha geniş bir alanı kapsamak üzere, Landsat 7 uydu görüntüleri kullanılarak yapılmış ve asal bileşen analizi ile oldukça güvenilir sonuçlar elde edildiği görülmüştür.

Sonuç olarak; fotogrametri ve uzaktan algılama veri ve yöntemlerinin, deprem sonrası çalışmalarda sismoloji, jeoloji, jeo-fizik konuları ile kombinasyonlu olarak bir ekip çalışması içerisinde kullanılması halinde, hızlı ve güvenilir bilgi teminine olanak sağlayacağı değerlendirilmektedir.

SUMMARY

Liquefaction is a process by which sediments below the water table temporarily lose strength and bearing because of rapidly applied loading and behave as a viscous liquid rather than a solid.

The actions in the soil which produce liquefaction are seismic waves and primarily shear waves. Liquefaction occurs in saturated soils, that is, soils in which the space between individual particles are completely filled with water.

Precautions to be considered in liquefied areas can be summarized as follows; strengthen structures to resist predicted ground movements, select appropriate foundation type and depth and stabilize soil to eliminate the potential for liquefaction.

Damages and three dimensional changes on the ground and structure which are caused by liquefaction and fault movements after an earthquake can be determined by using photogrammetry and remote sensing data and methods.

Satellite images and especially interferometric SAR (Synthetic Aperture Radar) images are the sources for deviating rapid and reliable information to measure fault breaks and change detection.

Radar interferometry is based on two image acquisitions of the same zone from slightly different orbits of the satellite. The phase informations on the two image data files are superimposed. The two phase values at each pixel are subtracted, leading to an interferogramme that records only the difference in phase between the two original images. The phase differences give the altitude variation of each pixel and enables the production of a Digital Elevation Model.

Temporal, spatial and spectral resolutions are the effective factors to change detection by means of remote sensing imagery. That means, reliability of the obtained results are directly effected by the image pairs which are preferred to be taken by the same instantaneous field of view, the same sensor, same resolution and the same time of the year.

Photogrammetric measurements around the İzmit Bay and Sapanca Lake have been carried out by using aerial photographs and Landsat 7 ETM+ images, concerning the subject of this thesis.

Geodetic measurements have been implemented and aerial photography at the scale of 1:16.000 have been taken following the Marmara earthquake dated August 17th, 1999 by the General Command of Mapping in that area.

Totally 860 map sheets orthophoto in 1:5.000 scale have been produced by using these photographs and triangulation points. Another set of aerial photographs taken in 1994 at 1:35.000 scale are also available. The three separate working area around the Sapanca Lake have been defined using these two data sets. As many as possible common features which are well-distributed in all directions of the photographs have been selected. The three dimensional coordinates of these features have been measured in digital photogrammetric workstations and movement vectors have been calculated by using coordinate differences of the common points.

Movements 2.35m in X, -0.43 m in Y and 0.62 m in Z direction as a result of faulting in Eşme area (north of Sapanca Lake), distributed movements in all direction at the west corner of Sapanca Lake and movements towards the north caused by liquefaction end ground subsidence about 1.70 m. at Sapanca Hotel have been determined by photogrammetric measurements.

Digital Elevation Models (DEM) have been produced by automatic correlation at digital photogrammetric workstations by using aerial photographs of Gölcük Region, as another study in this thesis. Gaps have been filled and miss-matched points have been eliminated and eventually, DEM differences of the area post and pre-event have been obtained. Determination of the collapsed buildings is highly reliable when the results are compared with the orthophoto maps, which were produced after earthquake.

A similar study covering much more wide aera also has been implemented by using Landsat 7 satellite images and highly reliable results have been obtained by applying principal component analysis.

As a consequence; photogrammetry and remote sensing data end methods provides rapid and reliable information for the post-event research and studies if they are combined with the subjects of seismology, geology and geo-physics in a team manner.

1. GİRİŞ

Ülkemiz 17 Ağustos ve 12 Kasım 1999 tarihlerinde iki büyük depremle sarsılmış, 20.000 dolayında can kaybı, bunun iki katı yaralanma ve 100.000'e yakın binada hasar oluşmuştur. Bunların yanı sıra, depremi takip eden ilk birkaç gün içerisinde, tüm kurum ve kuruluşları ile bu konuda ne denli hazırlıksız bir ülke olduğumuz da ortaya çıkmıştır. Bu noktada önemli eksikliklerden birisi de, depremden etkilenen ve yoğun hasarların oluştuğu bölgelerin ivedilikle belirlenmesi, kriz merkezlerine gerekli bilgi akışının sağlanması konusunda görülmüştür.

Fotogrametri ve uzaktan algılama bilimi ve teknolojisinin son yıllarda eriştiği düzey, özellikle konumsal doğruluğun çok fazla önemli olmadığı durumlarda, tematik doğruluğu yüksek olan verilerin ivedilikle elde edilmesine olanak sağlamaktadır. Ayrıca, bu verilerin yine uzun vadeli fotogrametrik çalışmalar ile konumsal doğruluğunu da iyileştirmek mümkündür. Orta ve küçük ölçekli topoğrafik harita üretiminde tüm dünyada yaygın olarak kullanılan uydu görüntülerinin yanı sıra, son yıllarda hızlı ve güvenilir sayısal arazi modelleri temininde etkin olarak kullanılmaya başlanan lazer tarama ve interferometrik SAR verileri, klasik kullanım alanlarının dışında farklı amaçlarla da dikkate alınması gereken veri kaynakları olarak görülmektedir.

Bu çalışmada, zemin sıvılaşması ve fay hareketleri nedeniyle ortaya çıkan konum değişikliklerinin ve bina hasarlarının belirlenmesinde hava fotoğrafları, uydu ve radar görüntüleri ile fotogrametri ve uzaktan algılama yöntemlerinin kullanılabilirliği ve güvenirlilik düzeyi araştırılmıştır.

Yedi bölümden oluşan bu çalışmanın ikinci bölümünde, jeodezi-fotogrametri mühendisliği konularında doğrudan yer almayan ancak, tez konusu nedeniyle anlaşılabilirliği sağlamak amacıyla verilmesi zorunlu görülen sıvılaşma kavramı ve nedenleri yer almaktadır.

Bu bölümü takiben, temel veri kaynaklardan birisi olan radar görüntüleri konusuna değinilmiş, interferometrik görüntüler ile sayısal arazi modeli elde edilmesi anlatılmıştır.

Dördüncü bölümde, uzaktan algılama görüntülerinin değişim belirleme amacıyla kullanımı halinde, dikkate alınması gereken konular ve bu amaçla uygulanabilecek yöntemler açıklanmıştır.

Beşinci bölümde, lazer tarama yöntemi ile coğrafyaya ilişkin sayısal veri temini konusu işlenmiş, bu verilerin afet yönetimi amacıyla kullanılabilirliğine örnekler verilmiştir.

Altıncı bölümde uygulama çalışmaları yer almaktadır. Bu bağlamda; Sapanca Gölü çevresinde oluşan sıvılaşma ve faylanmanın, deprem öncesi ve sonrası tarihlerde çekilmiş hava fotoğraflarının kullanımıyla, sayısal fotogrametrik yöntem ile belirlenmesine yönelik ölçümler yapılmıştır. Sapanca Oteli çevresinde 1.70m.'lik bir çökme ve sıvılaşma nedeniyle kuzeye doğru bir hareket belirlenmiştir.

Yine hava fotoğrafları ve otomatik korelasyon yöntemleri kullanılarak elde edilen sayısal yükseklik modellerinin farkları alınmak suretiyle, bina hasarlarının yoğun olduğu bölgelerin tespitine yönelik bir çalışma yapılmıştır. Bu çalışma sonucunda, otomatik yöntemle elde edilen sayısal yükseklik modellerinin, operatör yardımıyla interaktif biçimde editlenmesi suretiyle kullanımı halinde, daha gerçekçi sonuçlar bulunduğu görülmüştür.

Diğer bir uygulama çalışması da; Körfez Bölgesini kapsayan deprem öncesi ve sonrası tarihli Landsat 7 uydu görüntülerinde, asal bileşen analizi yöntemi ile değişim belirlenmesi bağlamında, yoğun bina hasarlarının ve çöküntülerin oluştuğu alanların tespitidir. Burada elde edilen sonuçların, söz konusu bölgeyi kapsayan ve deprem sonrasında üretilen 1/5000 ölçekli ortofoto haritalar ile karşılaştırıldığında, güvenilir bir düzeye ulaştığı görülmüştür.

Son bölümde, çalışma kapsamında elde edilen sonuçlar ve değerlendirmeler verilmiştir.

2. ZEMİN SIVILAŞMASI

2.1. Sıvılaşmanın Tanımı ve Nedenleri

Zemin sıvılaşması; bir toprağın dayanıklılığının ve katılığının, deprem veya diğer ani yüklenmeler ile azaldığı bir oluşumdur. Diğer bir deyişle, belirli bir miktar suyun altında kalan toprak tortusunun, maruz kaldığı ani dış basıncın etkisiyle yükselmesi ve zeminin geçici olarak yapışkan bir sıvı gibi görüntü sergilemesi, gücünü kaybetmesi işlemidir [1,2].

Sıvılaşmayı tam olarak anlamak için, bir depremden önce toprak katmanı içerisindeki durumu kavramak gerekir. Toprak katmanı; her bir partikülünün komşu partiküllerle temasta olduğu, pek çok partikülün bir araya gelmesiyle oluşmuş bir yapıdır. Üst katmandaki toprağın ağırlığı, altta birbiriyle temas halinde olan taneciklere bir basınç uygular ve bu kuvvet onların sabit durumunu ve dayanıklılığını sağlar.

Gevşek veya suyla doymuş kum yapıya ani bir yüklenme olduğunda sıvılaşma ortaya çıkar. Gevşek yapıda birbiriyle temasta olan toprak yapısı bozulacağından, toprak tanecikleri daha yoğun bir yapıya erişecek biçimde birbirine doğru hareket eder. Bir deprem anında suyun toprak gözenekleri içerisinde süzülüp atılmasına yetecek kadar zaman olmaz. Bu anda su arada sıkışır ve toprak partiküllerinin birbirine doğru yakınlaşmasını önler. Bununla birlikte suyun basıncı artarak, tanecikler arasında birbirine temastan doğan kuvvetin azalmasına ve böylelikle yumuşama ve zayıflamaya neden olur.

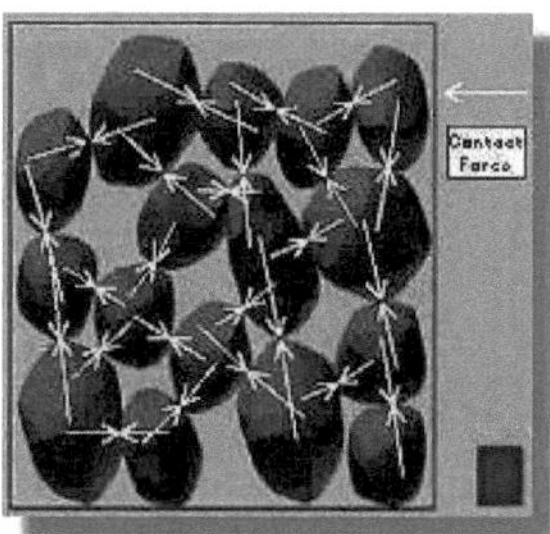

Şekil 2.1 Sıvılaşma anında toprak taneciklerinin hareketi

Şekil 2.1'de görüldüğü gibi, suyun basıncının yüksekliği kontakt gücü öylesine azaltabilir ki, ekstrem bir durumda toprak taneciklerinin birbiriyle teması tamamen kaybolabilir. İşte bu gibi durumlarda, toprağın dayanma gücü en alt düzeye inebilir ve topraktan ziyade bir sıvı görüntüsü oluşabilir. Bu olay "sıvılaşma" olarak adlandırılmaktadır.

Toprakta sıvılaşmaya neden olan hareketler, sismik dalgalar ve özellikle de makaslama dalgalarıdır. Nemli topraklarda yani, toprak partiküllerinin arasının su ile dolu olduğu arazi kesimlerinde ortaya çıkan bir olaydır [1].

Sıvılaşma durumunda, toprağın yapısı küçük bir kırıcı dirençle bozulabilir ve ortaya çıkan deformasyonlar, binaları veya diğer yapıları hasara uğratacak kadar büyük olabilir. Bu tür zeminler bozuk (gevşek) zemin olarak adlandırılır. Sıvılaşmaya neden olabilecek bir gevşeme, esas olarak toprağın gözenekliliğine, partiküller arasındaki kil veya diğer tutucu partiküllerin miktarına ve su boşaltma (akıtma) konusundaki kısıtlamalara bağlıdır. Bir sıvılaşmayı takiben toprakta oluşacak deformasyonun miktarı, materyalin gevşekliğine, derinliğine, kalınlığına ve sıvılaşan tabakanın zeminde kapsadığı alana, zeminin eğimine, bina ve diğer yapılar nedeniyle toprağa uygulanan yükün dağılımına bağlıdır [3].

Sıvılaşma rastlantısal olarak ortaya çıkmaz, belirli jeolojik ve hidrolojik çevre birimlerinin özellikle de yüksek su seviyelerinin zemine bıraktığı kum ve alüvyonlu alanların oluşumu, uygun koşulları sağlar. Genellikle yeni ve daha gevşek tortuların ve yüksek düzeyde su alanlarının bulunduğu yerler, toprak sıvılaşması için uygun alanlar olarak değerlendirilir [2,4].

Bu kapsamda dikkate alınması gereken yerler; 10.000 yıldan daha önce oluşmuş deltalar, nehir yatakları, sel alanları ve rüzgarla taşınmış birikintilerin bulunduğu alanlar ve iyi sıkıştırılmamış dolgu alanlarıdır. Sıvılaşmanın en çok ortaya çıktığı yerler, zemin suyunun arazi yüzeyinin 10m. altında aktığı alanlardır. 20m. veya daha derinde suyun bulunduğu bölgeler daha az sıklıkla sıvılaşmanın görüldüğü yerlerdir.

Sıkı yoğunluktaki sert toprakların ve iyi sıkıştırılmış dolgu alanlarının bulunduğu yerler, sıvılaşma için daha az şüphe çeken yerlerdir.

2.2. Sıvılaşmanın Yapılar Üzerindeki Etkisi

Sıvılaşma etkisi altındaki çevre, yalnızca bu oluşum nedeniyle tahrip edici veya tehlike yaratıcı bir durum çıkarmaz. Bu etkiyle birlikte, zeminde yer değişikliğine neden olabilecek bir başka olay da söz konusu olursa, o zaman yapılar üzerinde tahrip edici, yıkıcı bir etki yapması mümkün olur. Mühendislik uygulamaları amacıyla öncelikle dikkate alınması gereken, sıvılaşmanın mevcudiyeti değil onun tahrip kapasitesi veya şiddetidir. Sıvılaşmanın zıt etkileri bir çok biçimde ortaya çıkabilir. Bunlar; toprak kayması, yanal atımlar, zemin titreşimleri (sallantılar), mukavemetin kaybolması, oturma ve yanal basınç artmasıdır [5].

2.2.1. Toprak kayması

Toprak kayması zemin sıvılaşmasının neden olduğu en büyük felaketlerden birisidir. Bu olay çoğunlukla büyük miktarlardaki toprak kütlelerinin onlarca metre yanal yer değiştirmesi ve birkaç saniye içerisinde, zeminin eğimi boyunca onlarca kilometre aşağıya doğru hızla yuvarlanması biçiminde ortaya çıkar.

Kayan toprak tamamiyle sıvılaşmış topraktan oluşabileceği gibi, sıvılaşmış toprağın üzerindeki bozulmamış katman bloklarından da oluşabilir. Kayma, suyla gevşemiş kumluk veya alüvyonlu, nispeten dik eğimli, çoğunlukla 3° den daha büyük eğime sahip arazilerde gelişebilir. Kaybolan mukavemet hareketlilik yaratır ve dik eğim boyunca kayma oluşur (Şekil 2.2).

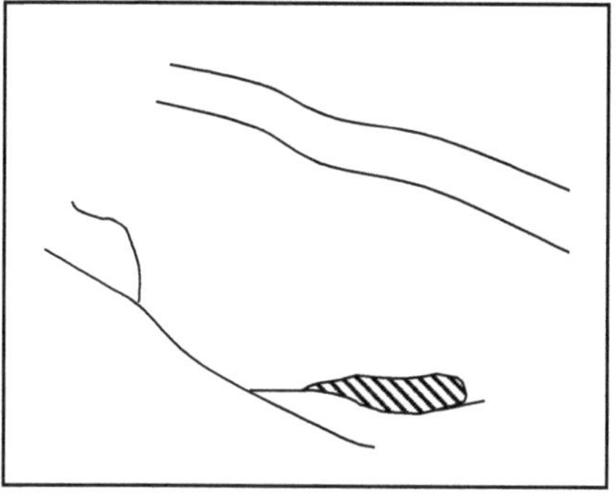

Şekil 2.2. Zemin sıvılaşmasının neden olduğu toprak kayması ve dik eğimli arazide toprağın mukavemetinin kaybolması.

2.2.2. Yanal atımlar

Yanal atımlar, alt katmanlardaki toprağın sıvılaşması sonucu büyük yüzeysel blokların yanal yer değiştirmesi biçiminde ortaya çıkar (Şekil 2.3).

Yer değiştirme, bir deprem ile oluşan yerçekimi ve inersiyal (atalet) güçlerinin kombinasyonuna bir cevap olarak ortaya çıkar. Yanal atımlar genellikle hafif eğimli (3° den daha az) arazilerde görülür ve yarılmış bir nehir kanalı gibi serbest bir yüze doğru hareket eder. Yatay yer değiştirme birkaç metreye kadar ulaşabilir. Yer değiştiren arazi çoğunlukla içten kırılarak yarıklara, çatlaklara ve çöküntülere neden olur. Yanal atımlar, üzerindeki binaların temellerini dağıtır, boru hatlarını ve diğer altyapı tesislerini tahrip eder, köprü ve benzeri mühendislik yapılarını sıkıştırır veya büker [6,7].

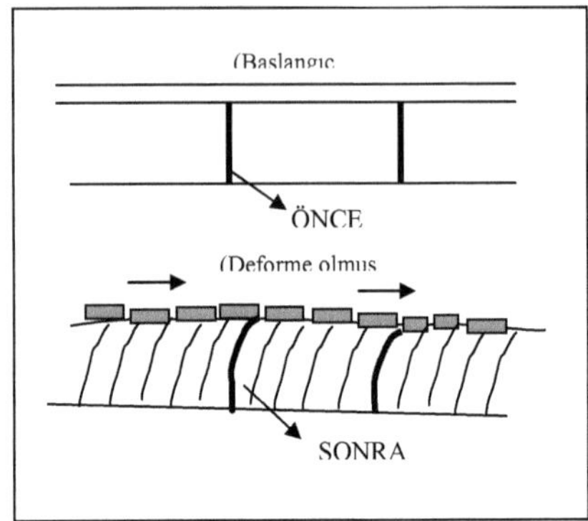

Şekil 2.3 Yanal atım diyagramı

Yanal atım ile ortaya çıkan hasar, şiddetli yıkıcı ve çoğunlukla her yere yayılan bir biçimdedir. Örneğin, 1964 Alaska Depremi sırasında 200'den fazla köprü, nehir kanallarına atılan kalıntılarla tahrip olmuş veya hasar görmüştür. Yanal atımlar özellikle boru hatları üzerinde yıkıcı etki yaratır. Örneğin, 1906 depreminde San Francisco'daki bütün ana hatlar kırılmıştı. Kırılan bu hatlar depremin ateşlemesiyle yangına neden olur ki bu durum, San Francisco'nun % 85'inin yanmasına neden olmuştur [8].

Yanal atıma uğrayan zemin düz veya hafif eğimli ise, derinlikteki sıvılaşma, üstündeki toprak katmanı ile altındaki katman arasında ileri geri titreşime ve aşağı yukarı hareketle zemin dalgası biçiminde etkiye neden olabilir (Şekil 2.4). Bu salınımlar sonucu, çoğunlukla asfalt ve boru hattı gibi katı yapılarda kırıklar ve çatlaklar oluşur.

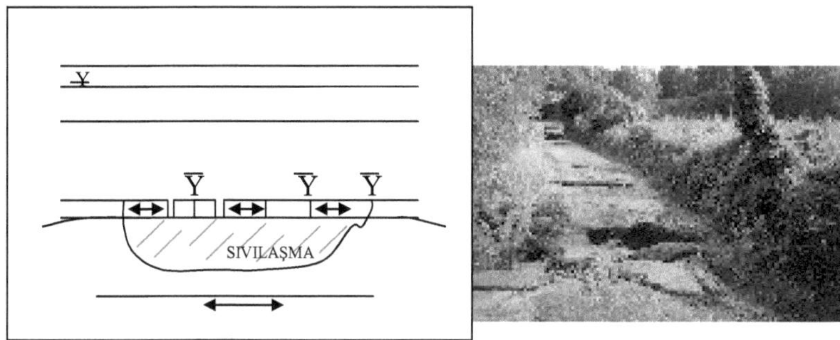

Şekil 2.4. Çift tabakalı salınımlar (çevreleyen zeminden farklı modda) çatlaklara ve hareket eden zemin dalgalarına neden olur.

2.2.3. Mukavemetin kaybolması

Bir binayı veya herhangi bir yapıyı destekleyen toprak sıvılaşıp mukavemetini kaybettiğinde, toprakta yapının yana yatmasına neden olabilecek kadar büyük miktarda deformasyon ortaya çıkabilir (Şekil 2.5), veya aksine toprağa gömülmüş tanklar veya kazıklar şamandıra gibi sıvılaşmış topraktan yüzeye çıkabilir. Örneğin, 1964 Nigata (Japonya) depreminde, 1999 Marmara Depreminde Adapazarı ve Yalova (Hacı Mehmetler)'da pek çok bina oturmuş ve yana yatmıştır. Çok açık bir biçimde gözlemlenen konu; sıvılaşmanın önce yeryüzeyinden metrelerce aşağıdaki kumlu katmanlarda oluştuğu ve yukarıya doğru yayılarak yüzeydeki kumlu tabakalara ulaştığıdır. Yükselen sıvılaşma dalgası binaları çevreleyen, destekleyen toprağı zayıflatıp, bu yapıların yavaş yavaş oturmasını ve yana yatmasını sağlamaktadır [9].

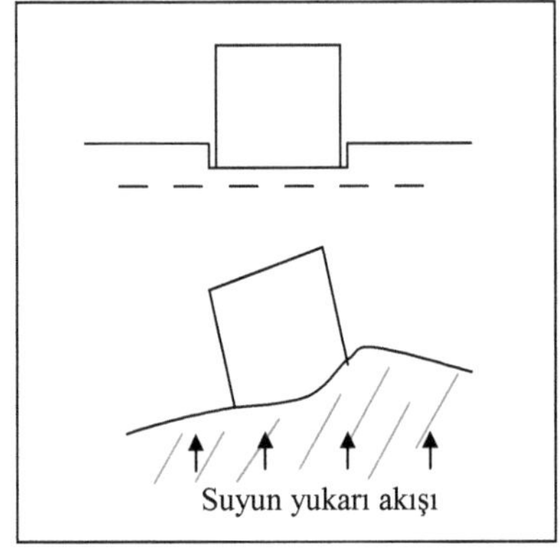

Şekil 2.5 Mukavemetin kaybolması nedeniyle yapıların yan yatması.

2.2.4. Oturma

Pek çok durumda yapıların ağırlığı yukarıda anlatıldığı gibi, toprağın dayanma kapasitesindeki azalmalara rağmen büyük miktarda oturmalara neden olacak kadar ağır değildir. Bununla beraber, topraktaki su gözenek basıncının dağılması ve depremden sonra toprağın pekişmesi ile daha küçük çapta oturmalar olabilir.

Bu oturmalar; toprak kayması, yanal atım ve mukavemetin bozulmasını takiben ortaya çıkan büyük hareketlerden çok daha küçük boyutlarda olmasına rağmen, tahrip edici boyutlara da ulaşabilir. Kum taneciklerinin püskürmesi (sıkışmış ve sıvılaşmış kumdan su kaynağının ve tortunun yayılması) lokal oturmalara da yol açan sıvılaşmanın bir göstergesidir.

2.2.5. İstinat duvarları üzerindeki artan yanal basınç

Eğer bir istinat duvarının gerisindeki toprak sıvılaşırsa, duvar üzerindeki yanal basınç çok büyük miktarda artabilir. Bunun sonucu da, istinat duvarları yanal olarak yer değiştirebilir, eğilebilir veya bir çok depremde su önüne gevşek zemine yapılan duvarlarda görüldüğü gibi, kırılma ve yıkılmalar olabilir.

2.3. Sıvılaşma Alanlarının Belirlenmesi

Zemin sıvılaşması potansiyeline sahip olan alanları önceden tanımlamak mümkün olmasına rağmen, onun varlığını (zaman, yer ve derece bakımından) bir depremin ortaya çıkardığından daha doğru bir biçimde kestirmek mümkün değildir. Bu tür alanlar genel anlamda yapılan site araştırmaları ile potansiyel sıvılaşma alanları olarak tanımlanırlar.

Potansiyel sıvılaşma alanlarının haritalarının yapılması, büyük tehlikeleri dikkate alınarak hızlandırılmış ve günümüzde A.B.D, Japonya ve dünyanın diğer bölgelerinde bu tür haritalar çoğalmış durumdadır. Sıvılaşma potansiyeli haritaları genellikle, sıvılaşma hassasiyeti ve sıvılaşma elverişliliği haritalarının birbiri üzerine çakıştırılması (superimpose) ile değerlendirilen haritalardır. Sıvılaşma hassasiyeti, toprağın sıvılaşmaya olan direncini ifade ederken, hassasiyeti kontrol eden temel etkenler toprak tipi, yoğunluk ve su katmanı derinliğidir. Sıvılaşma elverişliliği ise, sismik sallanma yoğunluğunun veya toprakta kastedilen yerin bir fonksiyonudur. Deprem oluşma frekansı ve sismik yer sallama yoğunluğu, sıvılaşma elverişliliğine etkiyen temel faktörlerdir. Bu elverişlilik haritasını yapmak için, sismik kaynak zonları ve bu zonlarda beklenen depremlerin büyüklük ve sayısını nicel olarak tahmin eden bir deprem kaynak modeline ihtiyaç vardır.

Bu haritalar çeşitli biçimlerde kullanılabilir. Kaliforniya'da yerel düzeyde, şehir ve kasabaların genel planlarında emniyet elemanları olarak, altyapı dokümanı biçiminde kullanılmaktadır [3]. Hala çok yaygın olarak kullanılmasa da, bu haritalardaki bilgiler aynı zamanda kodlara ve koordinatlara çevrilerek de kullanılabilirler.

Kaliforniya Madencilik ve Jeoloji Kuruluşu eyalet düzeyinde sıvılaşma tehlikesine sahip kuşakların haritasını çıkarmaktadır. Bu kuşaklar aşağıdaki kriterlerden bir veya daha fazlasını gerçekleştirme durumuna göre belirlenmektedir:

(1) Tarihteki depremler sırasında sıvılaşmaya maruz kaldığı bilinen alanlar,

(2) İyi sıkıştırılmamış ve sıvılaşmaya hassas suya doymuş veya yarı sulu materyal içeren dolgu alanları,

(3) Bölgenin sıvılaşma potansiyeline sahip olduğunu gösteren yeterli geoteknik veri ve analizlerin mevcut olduğu alanlar,

(4) Zemin altında jeolojik olarak genç (10.000-15.000 yıldan daha genç) sulu tortuların bulunduğu alanlar.

2.4. Sıvılaşma Alanlarında Alınabilecek Önlemler

Olası bir zemin sıvılaşması durumuna hazır olmak için gözönüne alınması gereken konular; olabilecek hasarları ve yaralanmaları azaltmak ve ilk yardım olanaklarını geliştirmek biçiminde iki esasta düşünülebilir. Tehlike bölgeleri haritaları ile potansiyel sıvılaşma alanları belirlenir, birincil ve ikincil ilgi alanları tanımlanabilir.

Uygun önlemlerin alınması ve yapılaşma yöntemlerinin belirlenmesinde birincil risk alanlarına özellikle önem verilir. Bu tür risk alanlarında, muhtemel bir afetten kaynaklanabilecek zararları azaltmak için alınabilecek önlemler [2];

- Tahmin edilen yer sarsıntısının etkisine dayanabilecek biçimde güçlendirilmiş yapılar,
- Uygun tip ve derinlikte temel kullanımı (mevcut yapıların temellerinde gerekli değişikliklerin yapılması),
- Sıvılaşma potansiyeline sahip toprağı stabilize ederek bu riski ortadan kaldırmak, biçiminde sıralanabilir.

Çalışmanın bundan sonraki bölümlerinde; asıl amaç olan fotogrametri ve özellikle de uzaktan algılama veri ve yöntemlerinin kullanılması suretiyle, deprem sonrasında ortaya çıkan sıvılaşma ve fay hareketlerinin neden olduğu hasarların ve konumsal değişikliklerin belirlenmesine yönelik olan konular işlenecektir.

3. RADAR GÖRÜNTÜLEME SİSTEMLERİ

3.1. Mikrodalga Tekniği

Tipik bir radar (RAdio Detection And Ranging), anteninden yayınlanıp yüzey cisimlerine çarparak geri yansıyan mikrodalga sinyalinin, şiddetini ve dolaşım süresini ölçer. Radar anteni belli bir dalga boyundaki (300MHz-30GHz frekanslarına karşılık, 1cm-1m arasında değişen uzunlukta) mikrodalga ışınlarını (palslarını) sırasıyla gönderir ve alır. Bir radar görüntüleme sistemi, saniyede yaklaşık 1500 yüksek enerjili ve her biri 10-50 mikrosaniye pals genişliğine sahip olan ışınları, görüntülenecek alana gönderir [11]. Bu ışınlar genellikle küçük bir frekans bandını kapsar. Görüntüleme radarları için tipik band genişlikleri 10-200 MHz arasındadır.

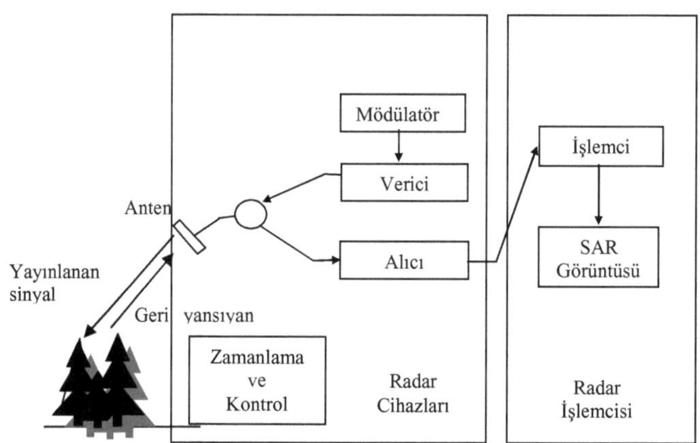

Şekil 3.1 Bir görüntüleme radarının temel elemanları

Radarın temel ilkesi, bir ışının gönderilmesi ve alınmasıdır. Mikrosaniye yüksek enerji ışınları gönderilir ve yansıyıp gelen sinyaller kaydedilir. Bu sinyaller; rölatif uzunluk, gönderme ve cisimden yansıma arasındaki zaman farkı, faz ve alınma doğrultusu bilgilerini içerirler.

Gönderme ve alma için çoğunlukla aynı anten kullanılır. Şekil 3.1'de bir görüntüleme radarının temel elemanları görülmektedir.

3.2. Mikrodalga Tekniklerinin Üstünlükleri

Optik algılayıcılarla kıyaslandığında, görüntüleme radarları;

- Atmosferik koşullara daha az bağlıdır. Güneş ışığının yayılımından bağımsız olup, gece ve gündüz herhangi bir saatte, bulut örtüsü altında ve hatta tropik yağmurlarda bile görüntü sağlayabilmektedir.

- Elektromanyetik radyasyon çıkışını kontrol imkanı vardır.

- Çalışmanın amacını karşılayacak şekilde azimut ve depresyon açısını seçebilme (değiştirebilme) olanağına sahiptir.

- Hedefin özelliklerini tanımlayan parametrelere erişim olanağı sağlar.

- Düşük toprak yoğunluğu ve nemin izin verdiği oranda, yüzey altı detaylar hakkında bilgi toplama olanağı sağlar.

Genel anlamda ifade edilmek istenirse, bir görüntüleme radarı aynen bir flaşlı kamera gibi çalışır. Yani yer yüzeyine kendi ışığını göndererek aydınlatma yapar ve geri dönüp gelen radyo dalgaları ile bir resim oluşturur [11, 12]. Flaşlı bir kamera da dışarıya ışık ışınları gönderir, yansıyan ve kamera merceğinden geçen ışın film üzerine kaydedilir. Kamera merceği ve film yerine, radarda bir anten ve görüntü kaydı için bilgisayar kullanılır.

3.3. Görüntüleme Radarları

En çok kullanılan iki görüntüleme radarı; Gerçek Açıklıklı Radar (RAR- Real Aperture Radar) ve Yapay Açıklıklı Radar (SAR- Synthetic Aperture Radar)'dır.

Gerçek açıklıklı radarlar çoğunlukla SLAR (Side Looking Airborne Radar-Yan Bakışlı Radar) olarak adlandırılır. Hem gerçek açıklıklı hem de yapay açıklıklı radarlar yan bakışlı sistemler olup, aydınlatma doğrultusu uçuş hattına diktir. Aralarındaki fark, azimut doğrultusu veya uçuş hattı boyunca elde edilen ayırma güçlerindedir. Gerçek açıklıklı radarlar anten ışın demeti genişliği ile belirtilen bir ayırma gücüne sahiptir ve dolayısıyla hedef ile radar arasındaki mesafenin bir fonksiyonudur.

Yapay açıklıklı radarlar ise, gerçek anten boyunun yüzlerce kez daha uzunu bir açıklık elde etmek için sistem belleğinde kaydedilmiş sinyalleri işleyen bir sinyal işleme sistemine sahiptir. Bu sistemlerin azimut doğrultusundaki ayırma gücü, anten ve hedef arasındaki mesafeden bağımsızdır. Bir SAR'ın nominal azimut rezülasyonu, gerçek anten boyutunun yarısıdır.

3.3.1. Gerçek açıklıklı radar

Elektromanyetik enerjinin dar bir ışın demeti uçağın uçuş hattına dik olarak yöneltilir. Radar anteninden bir enerji dalgası gönderilir ve arazinin dar bir kuşağının görüntüsünü elde etmek için kısmen yoğun yansımalar kullanılır.

Daha uzak mesafelerden yansıyan ışınlar radara daha fazla zaman sonra ulaşır. Yeni bir dalga gönderilirken radar bir miktar ileri doğru hareket edeceği için farklı bir arazi kuşağı görüntülenir. Bu ardışık kuşaklar yan yana kayıt edilerek azimut doğrultusu oluşturulur. Görüntü iki boyutlu veri dizilerinden oluşur.

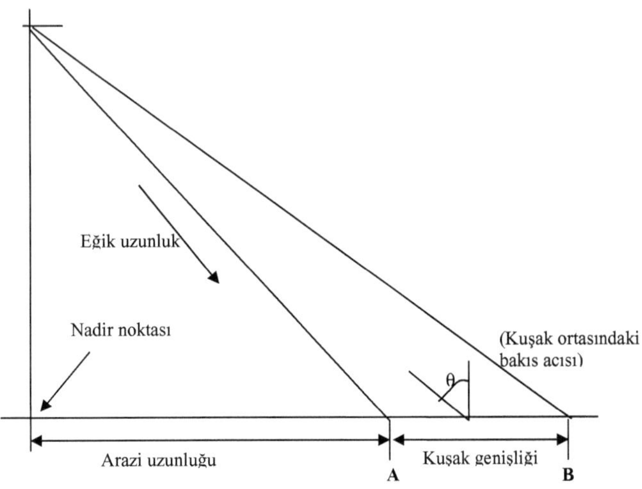

Şekil 3.2 Radar ışınları ve uzunluklar

Şekil 3.2'de A noktasından B noktasına görüntülenecek arazi kuşağı görülmektedir. A ile B arasındaki mesafe, kuşak genişliği olarak tanımlanır. Kuşak içindeki herhangi bir nokta ile radar arasındaki mesafe eğik uzaklık olarak tanımlanır. Kuşak içindeki herhangi bir noktanın arazi uzunluğu, noktanın nadir noktasından olan mesafesi ile belirlenir.

3.3.1.1. Uzunluk doğrultusundaki ayırma gücü

Radarların birbirine çok yakın iki elemanı ayırt edebilmesi için yansıyan dalgaları farklı zamanlarda alması gerekir. Şekil 3.3'de L boyundaki dalga A ve B binalarına yaklaşıyor. Her iki bina arasındaki eğik mesafe d'dir. Radar dalgası iki yoldan gitmek zorunda olduğu için, iki ayrı bina yansıması ortaya çıkar.

A binası tarafından geri yansıtılan dalga P_A ve B tarafından yansıtılan dalga da P_B dir. Şekil 3.3 (B)'de de görüldüğü gibi hedefe ulaşıp geri gelince, P_B fazladan bir L/2 uzunluğu alır ve L uzunluğundaki P_A'nın gerisinde kalır.

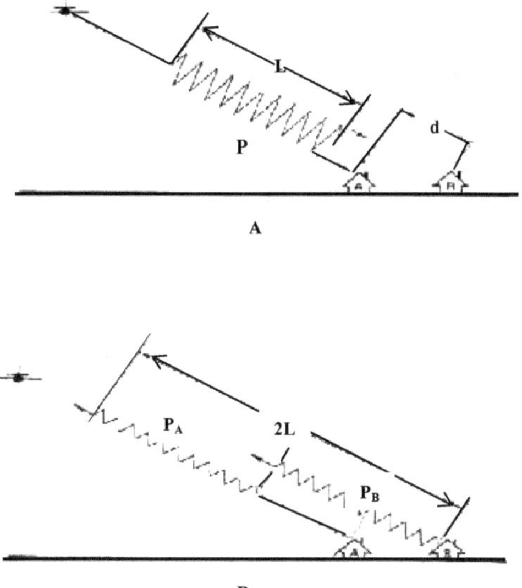

Şekil 3.3 Uzunluk ayırma gücünde dalga boyunun etkisi

Bu nedenle, P_A'nın sonu ve P_B'nin başı antene ulaştıklarında birbiri üzerine bindirmeli olur. Bunun sonucu olarak da A dan B'ye uzanan tek bir büyük görüntü olarak görüntülenirler. Eğer A ve B arasındaki mesafe L/2'den biraz daha fazla olursa, iki dalga üstüste binmez ve iki sinyal ayrı görüntüler olarak kaydedilir.

Uzunluk doğrultusundaki ayırma gücü yaklaşık olarak L/2 yani, dalga boyunun yarısına eşittir. Arazi uzunluğundaki ayırma gücü ise [10];

$$R_r = \frac{L}{2}\frac{1}{Sin\theta} = \frac{c.\tau}{2Sin\theta} \tag{3.1}$$

c : Işık hızı ($3x10^8$ m/sn)

τ : odaklanan ışının süresi

θ : Geliş açısı

Geliş açısı, arazideki düşey doğru ile cisimden antene olan hat arasındaki açıdır.

Uzunluk doğrultusundaki ayırma gücünü geliştirmek için radar dalgalarını mümkün olduğu kadar kısa tutmak gerekir. Bununla beraber, gönderilen dalgaların yeterince enerjisi olmalıdır ki yansıyan sinyaller tespit edilebilsin.

Eğer dalga kısaltılırsa, dalganın toplam enerjisini korumak için genliği arttırılmalıdır. Buradaki kısıtlama, çok kısa ama yüksek enerjili dalga gönderecek cihazın yapılma zorluğudur. Bu nedenle çoğu uzun mesafe radar sistemlerinde alternatif bir yaklaşım olarak "Chirp" yaklaşımı kullanılır. Yani frekans modülasyonu ile dalga sıkıştırılır. Chirp tekniğinde sabit frekansta kısa bir dalganın yerine, değiştirilmiş frekansta uzun bir dalga yayılır [12, 13].

3.3.1.2. Azimut doğrultusundaki ayırma gücü

Azimut doğrultusundaki ayırma gücü, bir görüntüleme radarının hareket doğrultusuna paralel doğrultuda birbirine en yakın iki yansıma dalgasını ayırt edebilme özelliğini tanımlar.

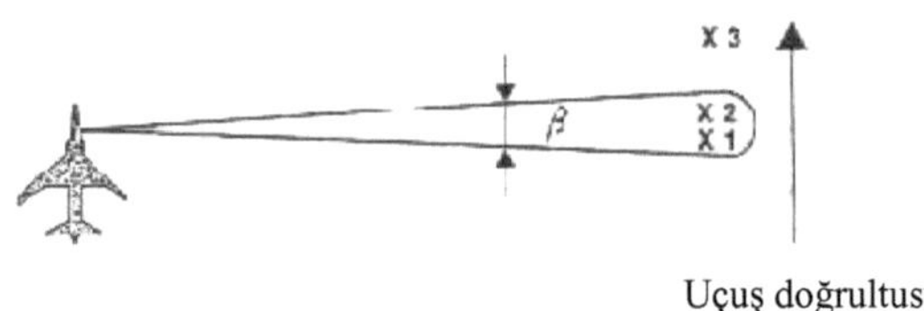

Şekil 3.4 Uçuş doğrultusunda görüntüleme

Şekilde X_1 ve X_2 ışınları aynı anda yayılan ve yansıyarak aynı anda alınan ışınlardır. Ancak, 3 cisminden yansıyan dalga, radar (uçak) ileri doğru hareket etmediği sürece alınamaz. 3 cismi aydınlatıldığında, 1 ve 2 cisimleri artık aydınlatılmıyor durumundadır, yani 3'den yansıyan dalga ayrı olarak kaydedilir. Gerçek açıklıklı bir radarda azimut veya uçuş doğrultusu boyunca olan iki hedef, ancak bu iki hedef arasındaki mesafenin radar ışın demeti genişliğinden fazla olması durumunda ayırt edilebilir. Bu nedenle bu tür sistemlerde ışın demeti genişliği azimut doğrultusundaki ayırma gücü olarak alınır [10,14].

Her tür radar için ışın genişliği, anten uzunluğuna bağlı sabit bir açısal değerdir. Verilen bir λ dalga boyunda, azimut ışın demeti genişliği (β); antenin yatay doğrultudaki fiziksel uzunluğuna (d_H) bağlıdır.

$$\beta = \frac{\lambda}{d_H} \tag{3.2}$$

Örneğin, 50 mm. dalga boyu ile 10 miliradyanlık bir ışın demeti genişliği elde edilmek istenirse, 5 m. uzunluğunda bir anten kullanılması gerekli olur.

Gerçek açıklıklı azimut rezülasyonu r_{az};

$$r_{az} = R.\beta \quad \text{(R:anten/hedef eğik uzaklığı)} \tag{3.3}$$

aynı şekilde 10 miliradyanlık bir ışın demeti genişliği için 700 km.lik eğik uzaklıkta (R), azimut rezülasyonu;

$r_{az} = 7$ km. olmak durumundadır.

Gerçek açıklıklı radarlar yörüngesel yüksekliklerde yeterli rezülasyon sağlamamaktadır. Bu tür radarlarda azimut rezülasyonu, ancak daha uzun anten veya daha kısa dalga boyları kullanılarak artırılabilmektedir. Kısa dalga boyu kullanılması halinde ise, bulut ve atmosferik düzensizlikler radarın görüntüleme yeteneğini azaltmaktadır.

3.3.2. Yapay açıklıklı radar

Yukarıda sözü edilen kısıtlamaları aşmak için yapay açıklıklı radarlar geliştirilmiştir. Bu sistemler şimdilik daha küçük antenler ve kısmen daha uzun dalga boyları kullanarak hedefin eğik uzaklığına bağlı olmaksızın iyi azimut rezülasyonu sağlamaktadır.

3.3.2.1. SAR'ın temel ilkesi

Radarın ileri hareketi ile yapay bir açıklık sağlanmaktadır. Belirli bir alanı geçerken sırayla pek çok pals yansır. Bu sinyaller tek tek kaydedilip birleştirilerek bilgisayarda "yapay bir açıklık" elde edilir [10].

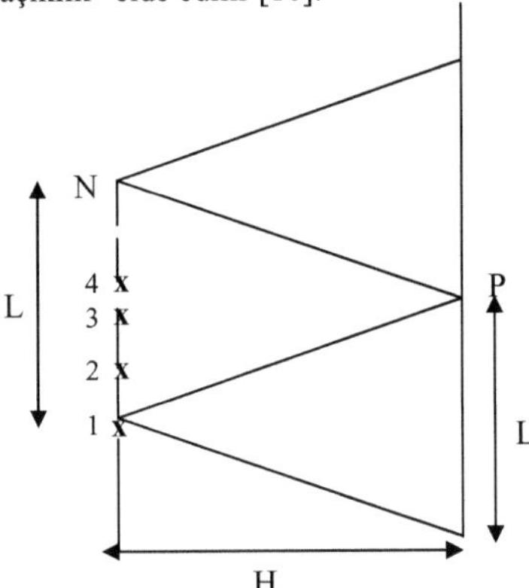

Şekil 3.5 Yapay açıklıklı radar dizisinin geometrisi

Bir hedeften yansıyan dalganın ayrıntılı olarak yapısı incelendiğinde, yansıma sonrası radar hedefi geçinceye kadar olan süre içerisinde bir takım değişikliklere uğrar. Bu değişiklik Doppler etkisi olarak tanımlanır ve sinyali azimut prosesöründe odaklamak için kullanılır.

Aşağıdaki şekilde görüldüğü üzere, bir botun suda dairesel dalgalar yayarak ve her bir dalganın frekansının da dakikada 10 dönü olacak şekilde ileri-geri hareket ettiğinin kabul edilmesi durumunda, bu dalgaların hareket hızı biliniyor demektir. Buradaki şamandıra da, radarla ilişki kurulduğunda dalganın kaynağını oluşturmaktadır. Dalganın belirli bir mesafedeki görüntüsü ile ilgileniyoruz. Botun V doğrusu boyunca hareket ettiğini varsayalım. B noktasında bottaki bir kişi dalga kaynağından ileri ya da geri gitmediği için dakikada 10 dalga sayar. Ancak, A noktasında iken bot ileri doğru gitmekte olduğundan, bottaki kişi 1 dakikada daha fazla, belki 12 dalga sayar; dalgaların hareket hızı botun hızıyla bir miktar arttırılmıştır. C noktasında bot şamandıradan uzağa doğru yol almış olduğundan görünen frekans düşecek ve belki dakikada 8 dönü gibi bir değer alacaktır; dalgalar bot ile aynı doğrultuda hareket etmektedir.

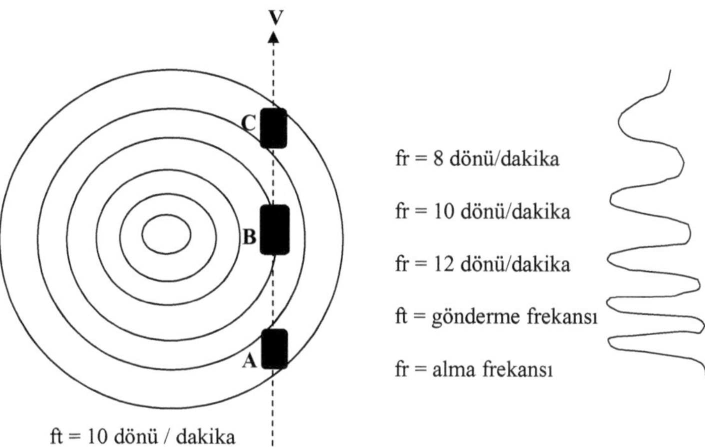

Şekil 3.6 Doppler frekansına örnek

Doppler frekansı, gönderilen ve alınan frekanslar arasındaki, kaynak ve gözlemcinin rölatif hareketlerinin neden olduğu farktır. Benzer şekilde, dalga alanının uç noktaları AC doğrusu üzerinde kaydedildiğinde, sanki bu alan hareketsizmiş gibi kabul edilerek ölçülür. Buradan da Doppler Modeli olarak adlandırılan sinyallerin faz modeline geçilir.

Botun A'dan C noktasına hareketi boyunca, gözlemcideki kayıtlarda dalga sayısı, sağdaki eğriye benzeyecektir.

Şamandıra yerine, radar sinyalleri gönderen bir uçağı dikkate alalım. Bot, anten ışın kümesine doğru hareket eden bir hedefe karşılık gelir. Hedeften geri yansıtılan ve alınan sinyal kayıtları, bot üzerindeki yolcunun kayıtlarına benzer. Bu tür bir kayıt, geri dönen sinyallerin Doppler tarihçesi (veya faz tarihçesi) olarak adlandırılır. Faz tarihçesi, SAR işleme sırasında kullanılmak üzere depolanır. Hedef, sinyal kümesine girerken Doppler değişimi pozitiftir, çünkü kaynağın hedefe mesafesi azalmaktadır.

Işın kümesi hedefi yakalayamadığında Doppler frekansı boş olur. Hedefin ışınlanmasının sonunda geri dönen sinyal negatif bir Doppler değişimi gösterir, çünkü hedef ile aradaki mesafe artmaktadır.

3.3.2.2. SAR işleme

SAR işlemenin amacı; her bir hedef noktası tarafından yansıtılan, anten tarafından alınan ve bilgisayara kaydedilen elektromanyetik dalgalardan görüntüyü oluşturmaktır.

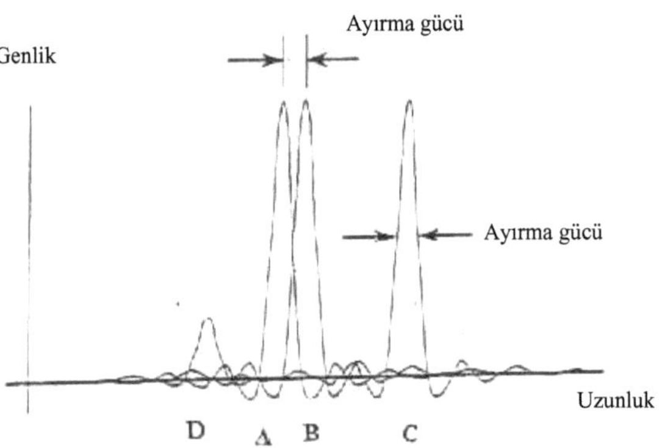

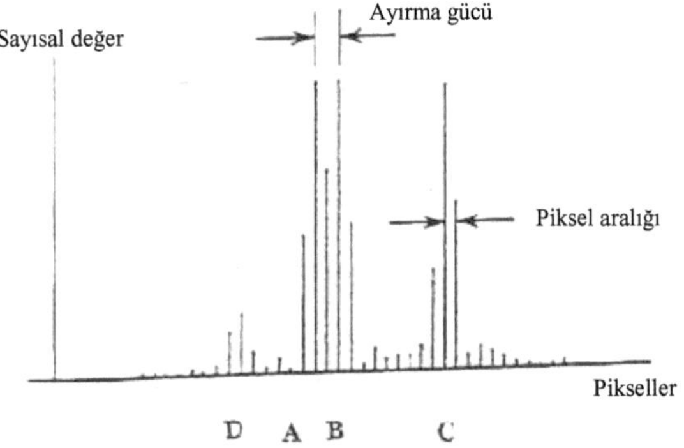

Şekil 3.7 Piksel ve ayırma gücü

Çok yoğun hesaplamalar gerektirmesine rağmen, SAR işleme basit bir işlemdir. İki boyutlu bir odaklama operasyonu olarak düşünülebilir. Birincisi, alınan sinyallerin "de-chirping" işlemini gerektiren mesafe odaklama işlemidir. Azimut odaklama hedef alanındaki her bir nokta tarafından oluşturulan Doppler tarihçelerine bağlıdır ve uzunluk doğrultusundaki odaklama işleminde kullanılan de-chirping operasyonuna benzer. Ancak bu daha karmaşıktır, çünkü Doppler tarihçeleri mesafeye bağlı olduğu için azimut yönündeki sıkıştırmanın da aynı mesafeye bağlı olarak yapılması gerekir. Aynı zamanda algılayıcının hareketi, yer küreselliği ve benzer nedenlerle algılayıcının üzerinden geçtiği hedef uzaklıklarının da değişmesine neden olan etkilerinin verilerde düzeltilmesi gerekir.

Şekil 3.7 incelendiğinde; uzunluk doğrultusundaki ayırma gücünün sinyalin geliş açısıyla değişmesi özelliğinden dolayı, final SAR görüntüsündeki piksel, veri toplama sırasındaki ayırma gücyle aynı boyutta değildir. Bunun için de tek anlamlı bir grid ile piksel örneklemesi yapmak gerekir. Kalıp olarak SAR görüntülemede piksel aralığı, standart harita ölçeğiyle de uyumlu olsun diye 100 m.nin çarpımları veya bölümleri şeklinde seçilir. Örneğin ERS-1 verileri, 28 m. nominal uzunluk ve azimut rezülasyonuna sahip olduğu halde, 12.5 m. piksel aralığı ile pazarlanır [14].

3.4. Radar Görüntülerini Yorumlama Elemanları

Radar görüntüleri özellikleri itibarıyla, optik algılayıcılar kullanılarak alınan SPOT, Landsat veya hava fotoğrafı görüntülerinden çok farklıdır. Bu farklılık, radar ile görüntüleme tekniğinin bir sonucu olarak ortaya çıkmakta ve radyometre, (dokusal yapı) veya geometride kendini göstermektedir. Görüntüleri analiz ederken göz önüne alınması gereken husus; görüntü bir analog film gibi fotoğrafik kağıt üzerine basılsa dahi, radar manzarayı insan gözünün veya optik bir algılayıcının algıladığından daha farklı bir şekilde görür, görüntüdeki gri tonlar arazi elemanları tarafından geri yansıtılan mikrodalga enerjinin rölatif kuvvetleri ile doğrudan ilgilidir. Radar görüntülerindeki gölgeler, radar tarafından yayılan mikrodalgaların eğik açıyla gitmesi nedeniyle çıkar, yoksa güneş ışığı alımından dolayı ortaya çıkan geometri ile ilgili değildir. İki tip görüntü arasındaki problemli olan benzerlikleri, radar görüntülerini yorumlamaya yeni başlayanlarda yanılgılara yol açabilmektedir [14].

3.4.1. Radyometre

3.4.1.1. Ton

Ortalama geri yansıma katsayısı σ^{o}, yüzey tipine bağlı olarak değiştiği için farklı σ^{o} değerine sahip yüzeylerin görüntüde farklı gri tonları oluşturması beklenir. Bir görüntüdeki örneğin tarım arazisindeki koyu veya açık ton dağılımı, ortalama işleminin bir sonucudur.

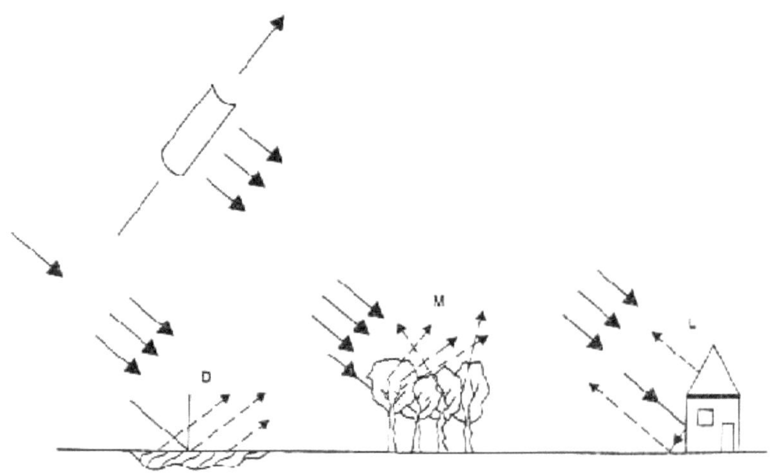

Şekil 3.8 Görüntü tonu ile radara geri saçınım arasındaki ilişki
(D: Koyu, M: Orta, L: Açık)

3.4.1.2. Benek

Bir radar görüntüsünün detaylı analizi yapıldığında, tek bir yüzey tipinde (buzul, çöl vs.) dahi bitişik rezülasyon hücreleri (pikseller) arasında önemli gri değer değişimlerine rastlandığı görülebilir. Bu değişimler, radar görüntülerinin karakteristiği olan grenli bir yapı oluşturur. Radar sistemlerinin kullanıldığı uyumlu radyasyonun (coherent) neden olduğu bu etki, benek (speckle) olarak adlandırılır [10].

Benek, bir sistem oluşumudur ve radarın aydınlattığı yüzeyin ortalama yansıtmasının konumsal değişiminin bir sonucu değildir. Yüksek rezülasyonlu bir radarda benekten farklı bir görüntü yapısı vardır. Örneğin bu durum, ormanlık bölgelerde radar aydınlatmasının ve ağaç gölgelerinin birleşik etkisiyle oluşturulan grenli dokunun benekten daha kaba bir yapıda olması biçiminde kendini gösterir. Bu durumda aydınlatılmış alanın fiziksel yansıtma özelliği konumsal değişiklikler gösterebilir. Bir radar görüntüsünde;

- "Dokusuz" bölgeler, yani yalnızca görüntü dokusu benekle ilişkilidir

- "Dokulu" bölgeler, yani beneklere ilave olarak görüntü yansıtmalarında konumsal değişikliklerin bulunduğu bölgeler mevcut olabilir.

Yani, "doku olmayan" bölgelerde, radara doğru geri saçılmış sinyallerin istatistiksel dağılımını araştırmak mümkün olabilmekte, böylece belirli radar özellikleri tanımlanabilmektedir.

Bunlar iki yöntem ile azaltılabilir (veya elemine edilebilir);

- SAR görüntülerini çok-bakışlı işleme; bu teknik, mevcut verilerin birçok sektöre bölünmesi ve her birinin ayrı ayrı işlenmesi biçiminde uygulanır. "Bakış" olarak adlandırılan bu bölümlerin ortalaması alınarak beneklerin neden olduğu gri düzeylerdeki rasgele değişimler azaltılabilir. N adet istatistiksel anlamda bağımsız (bindirmeli olmayan) veri sektöründe, benek varyansı N faktörü ile indirgenir. Aynı şekilde, ayırma gücü de N faktörü kadar azaltılır. Bu biçimde örneğin 8-bakışlı görüntü elde etmek mümkündür. İstenen konumsal rezülasyon ile kabul edilebilir bir benek düzeyi arasında bir uyum sağlanması gerekmektedir.

- Filtreleme teknikleri.

3.4.1.3. Benek filtreleri

Geniş bir alanı karakterize etmek için aşağıdaki hususlar dikkate alınır;

- Radara doğru geri saçınım katsayısı σ_o, yani radyometrik bilgi,

- Konumsal değişkenlik, yani dokusal bilgi.

Beneklerin varlığı, radyometre ve dokusal yapıya dayalı olarak çeşitli arazi kullanım sınıflarına ayrılabilirliği azaltmaktadır. Bu nedenle, en az bilgi kaybı ile benekleri ele almak ve indirgeme suretiyle ayrım yapabilme olanağını geliştirmek önemli bir konudur. Örneğin tarım alanları gibi homojen yapıdaki alanlar, tanımlanmış bir arazi kalıbı ile ele alınırsa, kullanılacak filtreler ortalama geri saçınım değerini ve bitişik tarlalar arasındaki sınırların (kenarların) keskinliğini korumalıdır. Örneğin orman vb. dokulu arazilerde, filtreler görüntüyle ilgili olan konumsal çeşitlilikleri (dokusal bilgileri) de muhafaza etmelidir.

Komşu piksellerin (hücrelerin) ortalaması, genellikle 3x3, 5x5 piksel vb. hareketli pencereler üzerinde uygulanır. Homojen alanlarda bu tip filtreler tatminkar sonuçlar verir ama, kenarlarda ve dokusal elemanlarda bulanıklılık etkisi kısıtlayıcı bir faktördür. Bu nedenle durumdan duruma adapte edilmiş bir çok filtre (Lee, Frost, Lopes vd.) geliştirilmiştir [15].

3.4.1.4. Radar görüntülerinin yorumlanmasına etki eden etkenler

Bir radar görüntüsündeki gri düzeyler, yüzeyin mikrodalgayı geri yansıtma özelliğiyle doğrudan ilgilidir (Şekil 3.8). Radara doğru geri saçılan sinyaller yüzeyin kabalığına, dielektrik özelliğine ve yerel eğime (pürüzlülüğüne) göre değişir. Böylece radar sinyalleri temelde hedefin geometrik özelliğini ifade ederler. Bunun tersi, görünür/kızılötesi bölgedeki ölçümler için optik algılayıcılar kullanır ve burada hedefin yanıtı renklerle, kimyasal bileşim ve ısı ile doğrudan ilgilidir.

Radar görüntülerini yorumlamada aşağıdaki parametreler kullanılır:

- Ton

- Dokusal yapı

- Biçim

- Yapı

- Boyut

Resim yorumlama için birçok prensip kullanılabilirse de, genellikle radar görüntülerinin yorumlaması üç adıma ayrılmaktadır;

- Resim okuma; önceden listelenmiş parametrelere dayalı olarak sınırları tanımlama aşamasıdır.

- Resim analizi; tanımlanmış bu sınırlar içerisinde neler olduğunu anlama aşamasıdır.

- Görüntüyü anlamsal yorumlama; bu aşamada yorumcu veri yorumlama ve ilgili tüm tematik bilgi ve deneyimini kullanır.

Ton : Radar görüntü tonu, geri yansımış sinyallerin ortalama yoğunluğu olarak tanımlanabilir. Pozitif bir görüntü üzerinde yüksek yoğunluk, açık bir ton olarak görülür.

Biçim : Kısmen sabit bir eğriye veya çevreye ve daha basiti cismin dış hatlarına göre konumsal şekli olarak tanımlanabilir. Bazı detaylar (caddeler, köprüler, havaalanı vb.) biçimleri ile ayırt edilebilirler. Biçimler, eğik aydınlatma ile yani radara eğik uzaklık mesafesindeki durumuyla görülürler.

Yapı : Detayların bir bölge içerisindeki konumsal dağılışlarıdır (düzenlenişi).

Boyut : Bir cismin radar görüntüsü üzerinde nicelik olarak tanımlanması amacıyla kullanılabilecek boyutudur. Boyutu bilinen detayların görüntüsü, diğer arazi detaylarının boyutları ve ölçek hakkında rölatif değerlendirme olanağı sağlar.

3.4.1.5. Doku ve görüntü analizi

Prensip olarak, bir radar görüntüsünün dokusu makro doku, mesodoku ve mikrodoku kavramları dikkate alınarak tanımlanabilir. Bunu aşağıdaki örnekle açıklayalım. Bir gözlemcinin ormanlık bir alan üzerinden bir algılayıcı ile, tek tek yaprakları tanımlayamayacak kadar yüksek ama ağaç cinslerini ayırt edebilecek kadar alçaktan uçtuğunu varsayalım. Önce farklı durumları tanımlar; bunlar meşe, gürgen, kavak vs. olabilir. Farklı ağaçlar makro dokuyu veya görüntünün yapısını tanımlar. Gruplar bu örnekte kilit elemanlardır, bir grubun içeriğini ve mesodokuyu tanımlamak için, bir doku birimine ait olan bir ağaç türünün tanımlanmasında esas alınır. Her bir pikselin gri düzeyi, ışığı geri dağıtan yaprakların yönüne ve miktarına bağlıdır. Yatay yapraklar düşey durumda olanlardan çok daha fazla yansıtır. Görüntüde mikrodoku olarak aynı sınıfa ait bu rezülasyon hücreleri arasındaki fark, radar görüntüsünün görüntü bozucu etkisi (image noise) veya benek olarak adlandırılır.

Bir radar görüntüsünün dokusu üç bileşene ayrılabilir:

Mikro-doku: Rezülasyon hücreleri ile aynı boyutlu yani benek, grenler gibi, ya da daha büyük boyutlu ve rastgele parlaklıkta görülen yapıdır. Bu doku radar sistemi için kalıntıdır, bir hücreden diğerine gerçek bir değişim göstermez. Yani benek, esas itibarıyla görüntülenen araziden değil, sistemden kaynaklanan bir görüntü dokusudur. Benekler görüntünün okunabilirliğini azaltır. Bu temel zayıf yanına rağmen, benekler de istatistiksel olarak karakterize edilebilirler.

Meso-doku: "Manzara dokusu" olarak da tanımlanır. Birkaç rezülasyon hücresi veya daha fazlası ölçeğinde ortalama geri yansımaların doğal değişimidir. Orman örneğini ele alırsak, yüzü radara dönük olan ağaçlardan yüksek yansıma, radara uzak taraftaki ağaçların gölgesinin yanında görülür. Sonuç, birim elemanların birkaç rezülasyon hücresi kapsadığı (sistemin konumsal ayırma gücüne bağlı olarak) grenli bir dokudur. Radar görüntüsünü yorumlamada kullanılan en yararlı görüntü dokusu elemanıdır.

Makro-doku: Bir çok rezülasyon hücresi boyunca uzanabilen radar parlaklık değişimleridir. Bunlar örneğin arazi (tarla) sınırları, orman gölgeleri, yollar veya jeolojik doğrusal elemanlardır. Yapı parametreleri radar görüntülerini yorumlamada özellikle de jeoloji ve oşinografide son derece önemlidir. Kenar veya diğer kalıp tespit teknikleri ile değerlendirilirler.

Bu bilgiler ışığında, aşağıdaki yargılara varmak mümkündür:

Benek, manzara dokusu ve yapısı üzerine yansıtılan ve dokusal analiz veya kenar belirleme sırasında problem yaratan ve üretimin fonksiyonu olan bir oluşumdur.

Ton , konumsal ton değişimleri dokuyu oluşturan lokal bir kavramdır (σ^0).

Doku, rezülasyon hücrelerinin konumsal dağılımlarıyla ilgili olup,sistemden çok manzaraya bağlıdır. Dokusal ölçümlerin yapıldığı örneklerde radyometrik kalite kısmen sabit olmalıdır.

Doku ve yapı, konumsal rezülasyon ile tanımlanır.

- Bir SAR görüntüsünde herhangi bir son işlem (filtreleme, doku analizi), radyometrik olarak orijinal olan görüntüde (eğik uzaklıklı görüntüde) yapılmalıdır[14].

3.5. Görüntü Geometrisi

3.5.1. Görüntü geometrisinin kendine özgü durumları

Bir radar görüntüsü düz doğrusal bir geometriye sahip olup, veri toplama modunun sonuç ürünüdür (Şekil 3.9). Radar, perspektif bir hatta göre yere bakar ve bu hat anten/hedef eğik uzaklığına karşılık gelir. Yayılan palsların ekoları bir zaman sırası içerisinde kaydedilir. Bunlar görüntünün çapraz tarama bileşenlerini oluşturur. Boyuna tarama bileşeni ise, yatay algılayıcının uçuş hattı boyunca hareketi sırasında tekrarlı gözlemlerinin bir sonucudur.

Şekil 3.10, radar görüntüleri ile eğik hava fotoğraflarının kıyaslamalı geometrisini göstermektedir.

Şekil 3.11, İki tip radar verisi görüntüleme biçimini göstermektedir.

- Eğik uzaklıklı görüntüde, uzaklıklar anten ve hedef arasında ölçülür.

- Zemin uzaklıklı görüntü, uzaklıklar platformun zemindeki izi ile hedef arasında ölçülür ve seçilen referans düzlemde doğru konumda yerleştirilir.

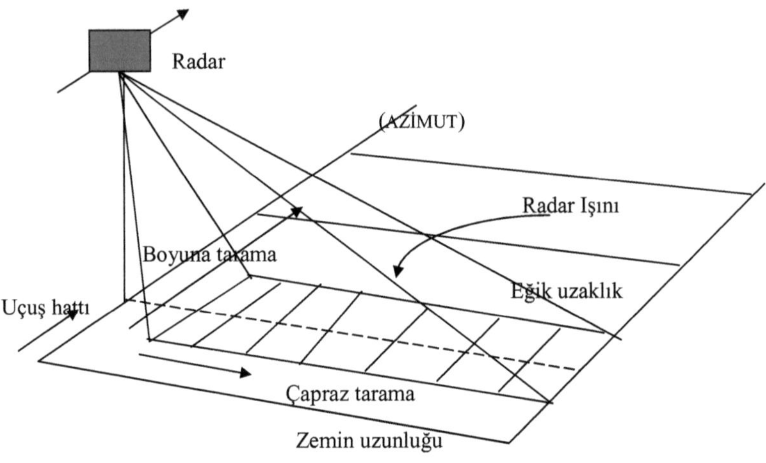

Şekil 3.9: Radar görüntü geometrisi

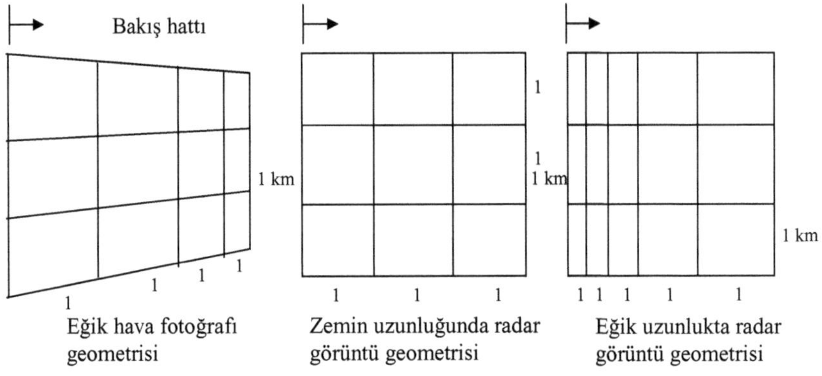

Şekil 3.10 Radar ve hava fotoğraflarının karşılaştırmalı görüntü geometrisi

Eğik uzaklıklı veriler, radar uzunluk ölçümlerinin doğal bir sonucudur. Zemin (arazi) uzunluğuna dönüşüm için, her bir veri noktasında arazi eğimi ve yüksekliğinden kaynaklanan değişimlerin düzeltilmesi gerekir.

Bir radar görüntüsü üzerindeki bozulmalar iki bölümde ele alınabilir:

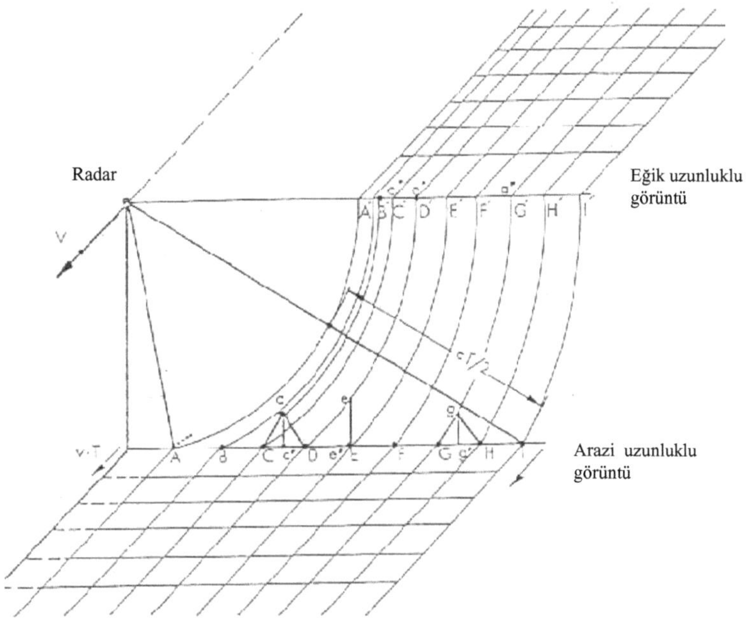

Şekil 3.11 İki tip görüntüleme

Yükseklik bozulmaları; noktaların ortalama arazi yüksekliğinden farklı yüksekliklerde olması halinde söz konusudur.

Uzunluk bozulmaları; radar eğik uzaklıkları ölçer, ancak yüzeyi doğru temsil eden bir görüntü için bu uzunlukların arazi uzunluğuna dönüştürülmesi gerekir.

3.5.2. Radara doğru geri saçınım (Back scatter) ve yerel bakış açısı

Geniş yapraklı bir orman gibi verilen bir arazi detayı türü için, antene doğru geri saçılan yansımaların (ekoların) şiddeti, yerel topoğrafya ile değişen bakış açısına ve mesafeye bağlıdır [10, 12]. Şekil 3.12 bakış açısını ve yerel bakış açısını temsil etmektedir. Radar ışınlarına dönük olan bir eğimli arazi, ters yöndeki bir detaya göre daha şiddetli bir geri saçınım sağlar ve görüntü üzerinde daha açık bir ton oluşturur (Şekil 3.13). Unutulmaması gereken nokta, uçağa takılı ve uydu radarları kullanılması durumlarında görüntüleme geometrileri farklılık gösterebilir.

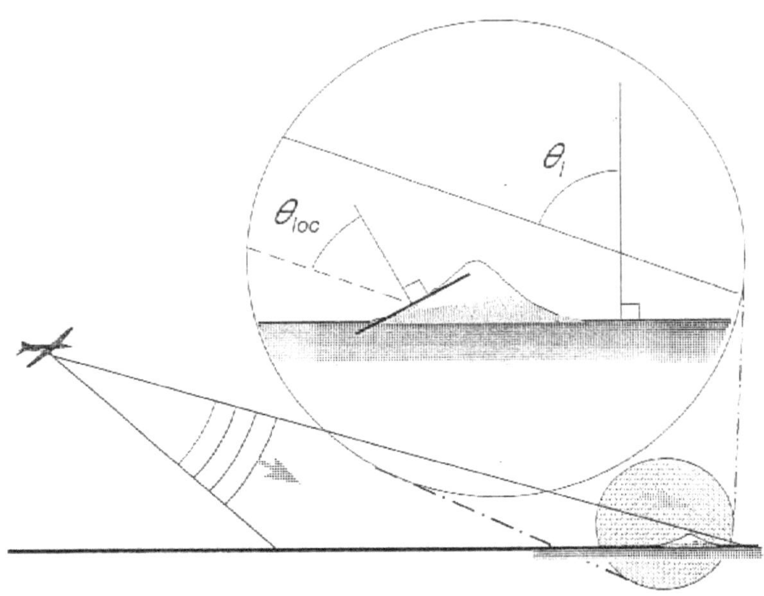

Şekil 3.12 Yerel bakış açısı

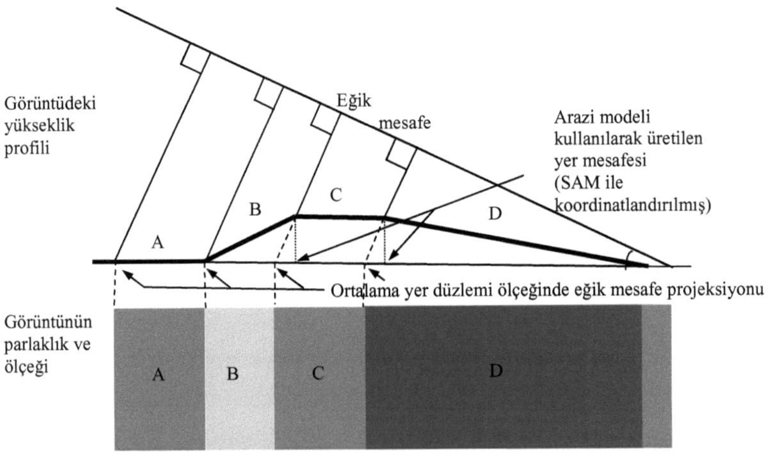

Şekil 3.13 Görüntü tonu ile arazi eğimi ve ölçek arasındaki ilişki

3.5.3. Gölge, uzunluk kısalması ve bindirme

İndirgenmiş bakış açısı (Depression Angle): Radardan, yatay düzleme indirgenmiş cisme bakış hattını ifade eder. Yer küreselliği ve yerel yükseklik farkları hesaba katılmaz.

Radar aydınlatmasından uzaktaki bir algılayıcı indirgenmiş bakış açısından daha dik bir açıya sahip eğimli arazide radar gölgelerini karıştırır.

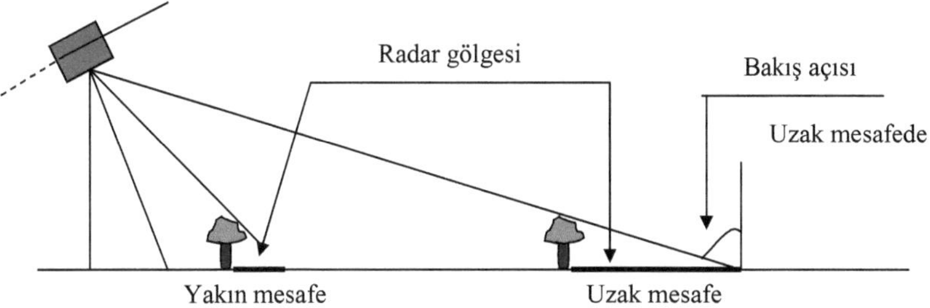

Şekil 3.14 Radar gölgesi ile mesafe arasındaki ilişki

Burada dikkat edilmesi gereken bir diğer nokta; aynı yüksekliğe sahip iki cismin gölgesinden uzakta olan cismin gölgesinin, yakında olana göre daha uzun olmasıdır. Gölgeli bölgeler, yalnızca sistem bozucu etkileri nedeniyle değişikliğe uğramış koyu (sıfır sinyal) bölgelerdir. Bu ilişki şekil 3.14'de görülmektedir.

Uzunluk kısalması (Foreshertening), SAR görüntülerinde dağlık arazilerde hakim olan bir etkidir. Özellikle dik bakışlı uydu algılayıcılarında, dağların dik yamaçlarındaki iki nokta arasındaki eğik uzaklık – kolon boyu uzaklık arasındaki fark, düz arazilere göre daha küçüktür. Bu etki, çok dik arazilerden radara geri saçınmış radyometrik bilgilerin çapraz tarama yönünde sıkıştırılması şeklinde kendini gösterir ve eğer sayısal arazi modeli varsa coğrafik kodlama işlemi sırasında giderilir.

Çok dik yamaçlarda, dağın vadiye doğru inen bölümlerine ilişkin noktalar, zirveye göre daha büyük bir eğik uzunluğa sahiptir ve öncekinin tam tersi durum söz konusudur.

Bindirme (layover) olarak adlandırılan bu oluşumda; radar görüntüsü üzerindeki yüzey elemanlarının dizilişi, zemindeki dizilişinin tersidir. Genellikle her bindirme bölgesi, radar aydınlatmasına dönük olan ve düşük bakış açısı nedeniyle görüntü üzerinde parlak görülen yerlerdir. Ayrıca böylesi bir bindirme bölgesinde radyometrik bilgi, birçok detayın yansıtmalarının üstüste geldiği durumdadır. Coğrafik kodlama, yeryüzü üzerindeki birçok noktayı, görüntüde tek bir nokta ile gösterimden doğan bu belirsizliği çözemez. Bu bölgeler coğrafi kodlanmış görüntüde parlak çıkarlar.

Önceki yorumları da dikkate alarak, SAR görüntü geometrisini yorumlamada yardımcı olmak üzere, aşağıdakiler de ilave edilebilir:

- Düşük arızalı bölgeler için daha geniş açıyla bakış, topoğrafik detayların biraz daha zenginleştirilmiş görüntüsünü sağlar. Çok küçük bakış açıları da aynı etkiyi sağlar.

- Fazla arızalı bölgeler için, daha büyük bakış açısı ile bindirme küçültülür ve gölge büyültülür. Gölgelemeden kaçınmak için daha küçük bakış açısı tercih edilir.

- İkisinin arası bakış açıları daha küçük engebe bozukluğuna karşılık gelir ve arazi detaylarının daha iyi belirlenmesini sağlar.

- Okyanus yüzeylerinden kabul edilebilir bir düzeyde geri saçınım almak için küçük bakış açıları gereklidir.

- Planimetrik uygulamalar arazi uzunluk verilerinin kullanımını gerektirir. Bunlar da genellikle sayısal yükseklik ve görüntü dönüşüm verileri biçimindedir.

3.5.4. SAR görüntülerini coğrafik kodlama

Yan bakışlı SAR'ın temel prensibi, elektromanyetik sinyalin hareket süresini ölçerek cisimlere olan eğik mesafeyi ve dönen sinyalin şiddetini belirlemektir. Bu prensip birçok geometrik bozulmaya neden olur. Eğer görüntülenen arazi kesiminde arazi engebeleri varsa, değişik bozulma türleri ortaya çıkar. Distorsiyonun miktarı yanbakış geometrisine ve arazi yüzeyindeki ondülasyonun büyüklüğüne bağlıdır. Tarımsal alan ve orman haritacılığı gibi birçok uygulamada arazinin neden olduğu bozulmalar, SAR görüntülerinin yararlılığını azaltabilir ve hatta bazı durumlarda bilgi teminini dahi engelleyebilir.

SAR verilerinin coğrafik kodlanması birçok kullanıcı için çok önemli bir adımdır. Çünkü, bu verilerin diğer veri tipleri (uydu görüntüleri, haritalar vs.) ile kıyaslanması veya birleştirilmesi için geometrik olarak doğru (düzeltilmiş) olması gerekmektedir. Coğrafik kodlama, final görüntü üzerindeki bir nokta ile onun verilen bir kartografik projeksiyondaki konumları arasında uyumu sağlamak amacıyla, görüntüye üç boyutlu öteleme ve dönüklükleri vermektir.

Aynı zamanda arazi arızası ile bağıntılı olarak radyometrik bozulmalar söz konusudur ve bunlar genellikle tümüyle düzeltilemezler. Ayrıca, görüntünün yeniden örneklenmesi de bazı radyometrik hatalar oluşmasına neden olabilir. Bu nedenlerle, tematik kullanıcının, verilen bir tematik uygulamada coğrafik kodlanmış bir görüntüden ne beklemesi, nereye kadar güvenmesi konusunda bilgi sahibi olması gerekir.

Şekil 3.15, SAR görüntüsünün 3 veri tabanına dayalı olarak coğrafik kodlanmasını göstermektedir:

- Yörünge parametreleri,

- Ham radar görüntüsü,

- Coğrafik veri tabanı (SAM, kontrol noktaları ve kartoğrafik izdüşüm parametreleri).

ERS-1 SAR, 23° lik bakış açısıyla dünya yüzeyini tarar. Bu nedenle görüntülerde hemen hemen hiç gölge yokken, büyük miktarda bindirme ve boy kısalması etkisi mevcuttur. Coğrafik kodlanmış görüntülerde, ERS-1 PAF (Processing and Archiving Facilities) bindirme ve gölgeli bölgeleri her bir resim elemanı için lokal bakış açısı ile veri kütüğü halinde temin edebilir.

Interferometre; aynı bölgeye ilişkin çok az farklılıkta iki uydu yörüngesinden iki ayrı görüntü alınması üzerine dayalı bir tekniktir. İki görüntüye ilişkin faz bilgileri daha sonra birbiri üzerine bindirilir. Her bir piksele ait iki faz değeri çıkarılır ve iki orijinal görüntü arasındaki faz farklılıklarının kaydedildiği bir interferogram elde edilir. Faz farkları her pikseldeki uçuş yüksekliği değişimlerini verir ve bir sayısal yükseklik modeli elde edilmesine olanak sağlar. Radar interferometre ile yükseklik hesaplamalarına dayalı ilk sonuçlar 4m. dolayında doğruluk vermiştir [10].

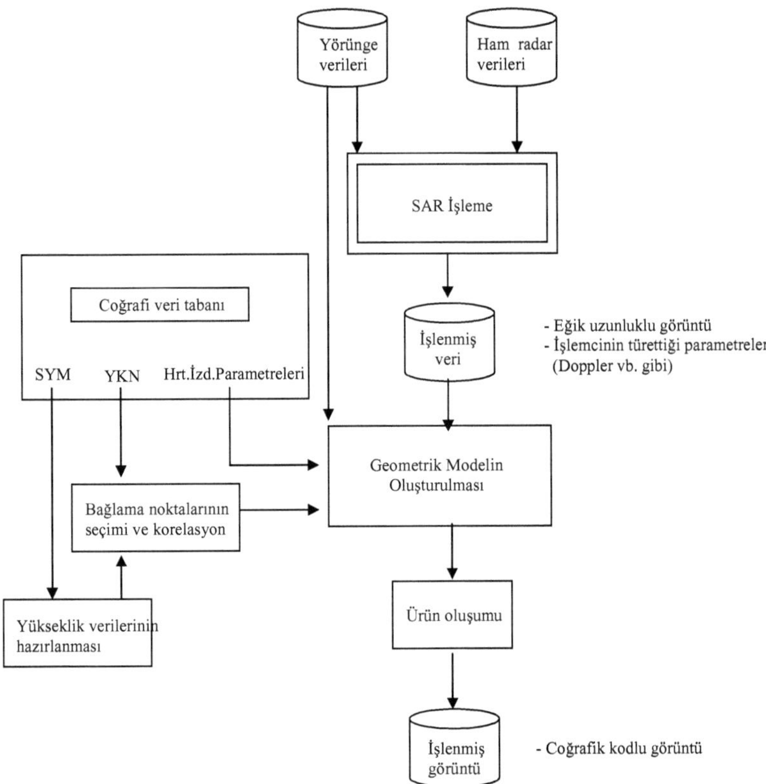

Şekil 3.15 SAR verilerinin coğrafik kodlanması diyagramı

1992 yılında ERS-1 SAR görüntüleri kullanılarak Bonn (Almanya) Bölgesinde bir çalışma yapılmıştır. "Diferansiyel radar interferometre" olarak adlandırılan bu teknikte, önce iki görüntü çıkarılarak bir interferogram oluşturulmuş, daha sonra ikinci, üçüncü vd. interferogramlar oluşturulmuştur. Bonn Bölgesi için 10 görüntü kullanılmıştır. İnterferogramları birbirinden çıkartarak, nihai bir interferogram elde etmek ve görüntü elde edimi aşaması sırasında aralarında ortaya çıkan değişiklikleri daha büyük bir doğrulukla elde etmek mümkündür. Bonn deneyinde zemine köşe reflektörleri yerleştirilmiş ve hafifçe hareket ettirilmiştir. Görüntü işleme sonucunda hangi köşe reflektörünün hareket ettirildiği ve 1 cm.den daha az olan yer değişikliği dahi ölçülebilmiştir. Diferansiyel interferometre yer kabuğu hareketlerinin ölçümü veya toprak kayması riskine haiz bölgelerin izlenmesi gibi yeni birtakım uygulama alanları açmıştır.

3.6. SAR Interferometre

Aynı anda aynı ortam içerisinde hareket eden dalgalar birbirlerini etkiler ve biri diğerinin yararına yükseltici etki sağlar. Bu şekilde iki dalga birbirini güçlendirmek için birleştirilebilir ve ayrı ayrı yaratacakları yoğunluktan daha fazla bir yoğunluk üretmeleri sağlanabilir. Bu işleme yapıcı karışım (constructive interference) adı verilir. Diğer taraftan bu iki dalga, ayrı ayrı yaşatacağı yoğunluktan daha az bir yoğunluk oluşturacak biçimde de birleştirilebilir. Bu da bozucu karışım (destructive interference) olarak adlandırılır.

1800 yılında Thomas Young'ın gerçekleştirdiği bir deney ile, iki ışık kaynağından çıkan dalgaların karışım etkisi ortaya konmuştur [13]. Şekil 3.16'daki gibi bir iğne deliğinden (S) geçen güneş ışınları S_1 ve S_2 deliklerinden geçtiğinde, oluşan dairesel dalgalar MON düzlemi üzerinde bir karışım oluştururlar. Günümüzün gelişmiş laboratuvar teknikleri ile iğne delikleri yerine, çok dar ve birbirine paralel yarıklar kullanılır. Ortaya çıkan dalga karışımı da silindirik biçimde olur. Monokromatik bir kaynak kullanıldığında elde edilen şekil, bu çift yarık düzlemine paralel ve O normaline göre simetrik olan açık ve koyu bandlar veya saçaklar halini alır.

Bu kalıbı ışığın dalga teorisine oturtmak için, S_1 ve S_2'den çıkan öncü dalgaları dikkate almak gerekir. Düz çizgi ile gösterilen yarım daireler en fazla yer değiştirmeyi veya dalga tavanını, kesik çizgili yarım daireler ise en az yer değiştirmeyi veya dalga tabanını temsil etmektedir. Şekil 3.16'da tavanla tavanın veya tabanla tabanın birbirine karşılık geldiği durum görülmektedir. Tavanın tavana

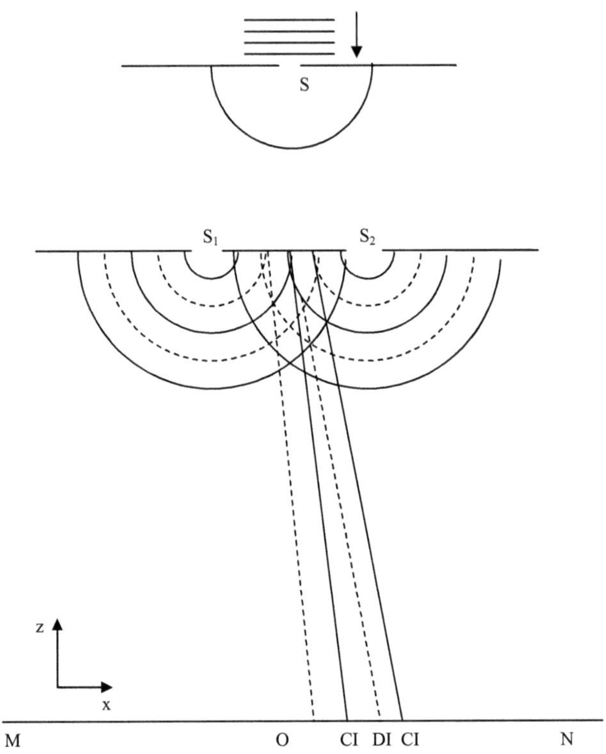

Şekil 3.16 Young'ın dalga karışımı deneyi

veya tabanın tabana denk geldiği duruma dalganın faz durumu adı verilir ve ortaya çıkan sonuç yoğunluk (şiddet) maksimum olur. Bu da o bölge için yapıcı karışım (şekilde CI ile gösterilenler) oluşmasını sağlar. Taban ile tavan üst üste çakıştığında sonuç şiddet sıfır olur ve bozucu karışım (DI) elde edilir. Saçakların niceliğini anlamak için Şekil 3.17 incelenirse; birbirinden d mesafesinde bulunan S_1 ve S_2

yarıkları, S monokromatik dalga kaynağından eşit uzaklıktadırlar. Yani, S_1 ve S_2'den çıkan dalgalar aynı frekans, genlik ve fazdadır.

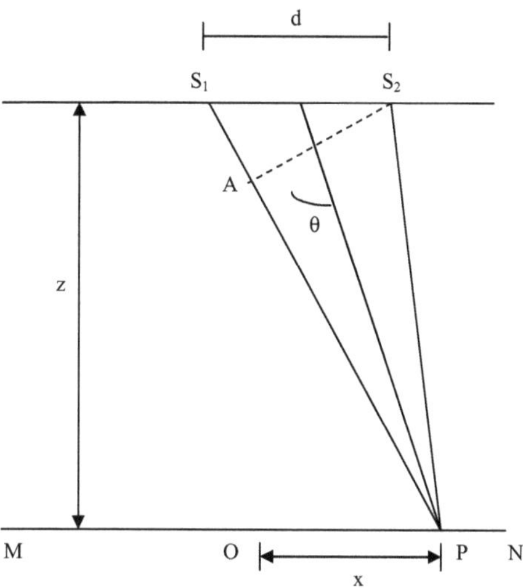

Şekil 3.17 Işık kaynağından belirli bir mesafedeki iki yarık üzerinde dalga karışımının gösterimi

Aynı frekansa sahip ve sabit bir faz ilişkisi taşıyan kaynaklar uyumlu (coherent) kaynak olarak adlandırılır. Eğer aydınlatma kaynakları uygunsa, devamlı gözlenebilir karışım etkisi almak mümkündür.

Interferometre; aynı bölgeye ilişkin, çok az farklılıkta iki uydu yörüngesinden, iki ayrı görüntü alınması üzerine dayalı bir tekniktir. İki görüntüye ilişkin faz bilgileri birbiri üzerine bindirilir. Her bir piksele ait iki faz değeri çıkarılır ve iki orijinal görüntü arasındaki faz farklarının kaydedildiği ve örneği Şekil 3.18'de görülen bir interferogram elde edilir. Faz farkları her pikseldeki uçuş yüksekliği değişimlerini verir ve bir sayısal yükseklik modeli elde edilmesine olanak sağlar.

3.6.1. SAR interferometre ile DEM elde edilmesi

SAR ile görüntülemedeki temel nokta, gönderilen ve alınan sinyallerin uyumlu olmasıdır. Bu uyum şu şekilde açıklanabilir; gönderilen sinyaller radardaki bir lokal salınım düzleminde oluşturulur ve müşterek bir noktaya göre zaman ve mesafe yönünden referanslandırılır. Alınan sinyallerde, hassas olarak ölçülebilir bir gidiş-geliş süresine (aydınlatılan araziye olan uzaklığa bağlı olarak) ve lokal salınım

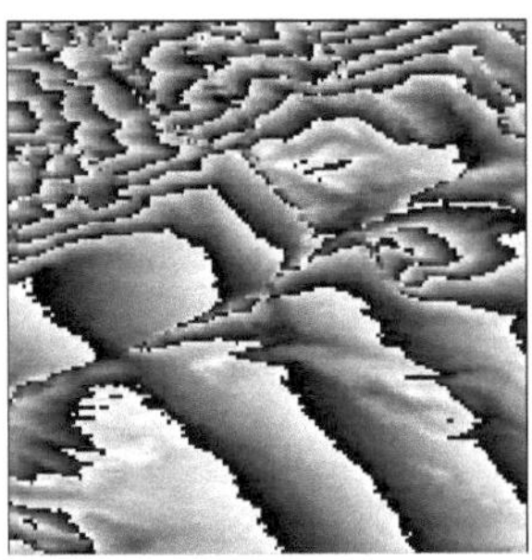

Şekil 3.18 Interferogram örneği

referansına göre hassas olarak ölçülebilen bir faz değerine (veya radyo dalgasında bir başlangıç noktasına) sahiptir. Uyum, büyük bir antenin etkisini yapay olarak oluşturma olanağı sağlar.

Şekil 3.19 SRTM (Shuttle Radar Topography Mission)

Şekil 3.16'daki iki yarığı, iki radar anteni ile değiştirdiğimizde ortaya çıkan enerji, ışık yerine uyumlandırılmış radar dalgası ve sonuç görüntü de arazi olur.

Şekil 3.19, bu düşüncenin Shuttle Radar Topography Mission (SRTM)'de uygulanışını göstermektedir. Burada iki anten sabit uzunlukta bir direğe montelenmiştir [11,16].

Bir SAR geçişi ile, aydınlatılan arazinin iki boyutlu görüntüsü elde edilir. Şekil 3.19'daki gibi iki SAR alıcısı, böyle bir arazinin iki görüntüsünü alır. SAR uyumlu olduğu için bu iki görüntünün hem büyüklük hem de faz değeri vardır. Görüntü fonksiyonları bir faz terimi ile modüle edilmiş karmaşık yansıma (complex reflectivity)'dan (radar/yer etkileşiminin bir fonksiyonu) oluşmaktadır [13].

$$I_1 = \partial_1(\chi, y)e^{j\frac{4\pi}{\lambda}R_1(\chi,y)} \qquad I_2 = \partial_2(\chi, y)e^{j\frac{4\pi}{\lambda}R_2(\chi,y)} \tag{3.4}$$

∂_1, ∂_2 : karmaşık arazi yansıması

R_1, R_2 : (χ, y) noktasına S_1 ve S_2 antenlerinden olan uzaklık

λ = dalga boyu

$j = \sqrt{-1}$

Eğer görüntüleme geometrisi hassas olarak oluşturur ve sayısal işleme doğru gerçekleştirilirse, görüntü eşitliklerindeki yansıma terimleri birbiriyle korelasyonlu olur $(a_1(x,y) \cong a_2(x,y) \cong a(x,y))$. Bu durumda iki görüntü ortak çarpanlar ile birbirlerine karıştırılabilir.

$$I_1(x,y)\,I_2(x,y) \cong |a(x,y)|^2 e^{j\frac{4\pi}{\lambda}[R_1(x,y)-R_2(x,y)]} \tag{3.5}$$

(Sarılmış faz eşitliği)

Eğer varsayılan arazi çok düz ise, saçak kalıbı görüntü olarak çok yakınsak olacaktır. Bu şekil modüle edilmemiş sarılmış fazın resmidir.

$$W\{(4\pi/\lambda)[R_1(x,y) - R_2(x,y)]\} \qquad |a(x,y)|^2 \text{ ile module edilmemiş faz} \tag{3.6}$$

Yani sarılmış faz ile düz arazi doğrudan temsil edilemez. Faz kalıbı, geometri ve dalga boyu etkisi ile birlikte arazi yüksekliğinin etkisini de içermektedir. Görüntüleme geometrisinin hassas bir şekilde bilinmesi, düz arazi nedeniyle oluşan kalıbın elemine edilmesine ve yalnızca yüksekliklerin oluşturduğu saçakların bırakılmasına olanak sağlar. Bu faz kalıbı interferogram olarak adlandırılır. Şekil 3.18'de bir örneği görülmektedir.

Şekil 3.20'deki durumu ele alındığında, farklı yörünge yüksekliklerinin mevcut olduğu bu durumda, önceki yaklaşımı daha standart bir InSAR durumuna uygulamak mümkün olabilir. İki görüntü ele alınıyor; birisi master (ana görüntü), diğeri yardımcı S (slave) görüntü. İki uydu konumu arasındaki mesafe baz hattı (B) olarak adlandırılır. Yer mesafe ekseni, yükseklik (deniz seviyesinden) ekseni Z olsun. X ve Z ekseni boyunca baz hattının bileşenleri B_x ve B_z, r eğik uzaklık ekseni ve ona dik eksen boyunca olan bileşenleri de B_r ve B_n olsun. θ, nadirden itibaren açı, P arazide rastgele bir nokta ve ona ve yardımcı görüntülere olan uzaklığı R_m ve R_s olsun.

Şekil 3.20, P ve P+ΔP gibi iki pikselin arasındaki interferometrik faz değişimini hesaplamak için kullanılan geometrik gösterimi ifade etmektedir.

ρ, B baz hattı ile onun dik bileşeni B_n arasındaki açı ise, P noktasındaki interferometrik faz;

$$\Phi = \frac{4\pi}{\lambda} B \sin \rho = \frac{4\pi}{\lambda} B_r \tag{3.7}$$

B'nin çapsal (ışınsal) bileşeni $B_r = B_{\sin}\,\rho$

Eşitliğin diferansiyeli ve ($B/R_M \approx 10^{-3}$) alınırsa;

$$\begin{aligned} \Delta\Phi &= \frac{4\pi}{\lambda} B \cos \rho \Delta \rho \\ \Delta\Phi &= \frac{4\pi B_n n_p}{\lambda R_M} \end{aligned} \tag{3.8}$$

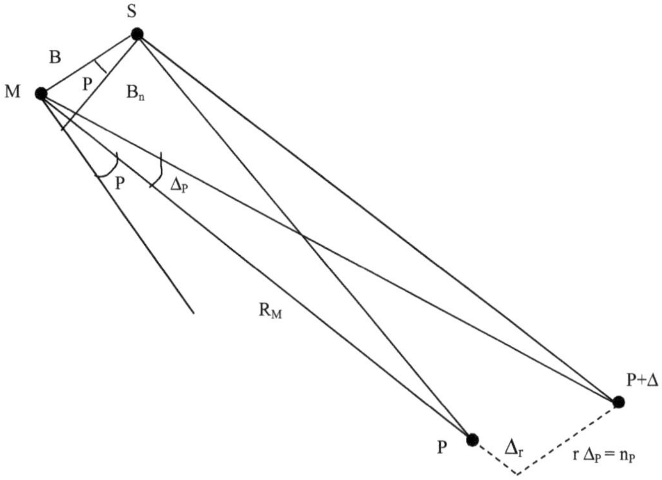

Şekil 3.20 Interferogram oluşumu için kullanılacak bir çift SAR görüntüsünün elde edilişi

Yani, komşu iki nokta arasındaki interferometrik faz farkı, B_n (baz hattının dik bileşeni)'e ve aralarındaki uzaklık boyunca olan normal bileşeni (n_p)'ne bağlıdır. Şekil 3.21'de de görüleceği gibi;

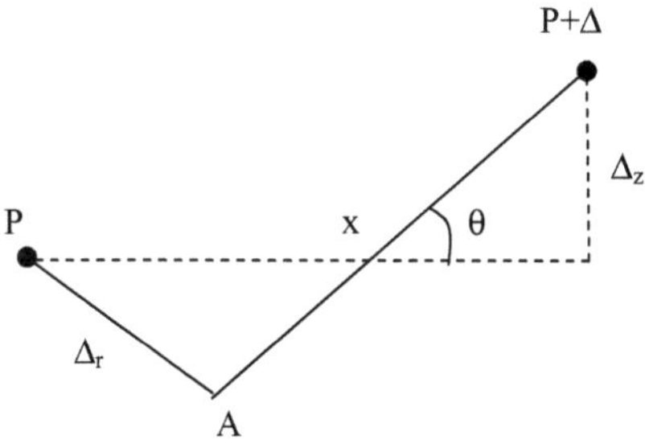

Şekil 3.21 Bitişik iki nokta arasında interferometrik faz değişiminin hesaplanması

DZ yükseklik farkı (X ve PΔP arasında) ve Dr eğik uzaklık farkı (AX) da dikkate alınırsa, eşitlik;

$$\Delta\phi = \frac{4\pi Bn}{\lambda Rm}\left(\frac{Dr}{\tan\theta}\right) + \left(\frac{Dz}{\sin\theta}\right) \text{ olur.} \qquad (3.9)$$

$\Delta r / \theta$ terimiyle ifade edilen interferogram, eğik uzaklık ekseni boyunca görülen doğrusal değişimleri temsil eder. Bu bileşen elemine edildiğinde pikselin faz farkı değeri, ilk yaklaşıklıkla onun yüksekliği olur. Şekil 3.18 yassılaştırılmış interferometrik faz alanını yani, interferometrik saçakların yerel topoğrafik detayları yansıtacak biçimde, eş yükselti eğrisi haline getirilmiş biçimini göstermektedir.

3.7. SAR Görüntülerini Filtreleme

Pek çok durumda radarlar ile elde edilen görüntülerde, optik yöntemlerle elde edilenlere göre çok daha fazla benekler mevcuttur. Bu lekeler, görüntünün sınıflama ve farksal ayrımlama (segmentation) doğruluğunu azaltarak yorumlanmasını güçleştirir.

Bir piksel içerisindeki bireysel saçınımlardan elde edilen radar ekoları, faz içi veya faz dışı biçiminde rastgele olarak birbirini etkilerler. SAR görüntülerinde benek görüntüsünü azaltmak için çeşitli filtreleme yöntemleri kullanılabilir. Burada, Lee filtreleme yöntemi hakkında kısa bilgi verilecektir. Bu yaklaşım, görüntü verilerini düzgünleştirirken kenarları ve keskin detayları törpülemeye dikkat eder. Filtre 7x7 piksellik bir hareketli pencere içerisinde çalışır [13].

Katlamalı (çoğalan) gürültü modeli aşağıdaki biçimde tanımlanabilir;

$y = \chi \cdot v$

y : merkez piksel değeri (bir SAR görüntüsünün yoğunluk veya genliği)

χ : gürültüsüz (bozucu etkiye sahip olmayan) piksel değeri (kestirim değeri) v : birim ortalama ve σ_v^2 varyansı ile gürültü (bozucu etki)

σ_v beneğin bozucu etki düzeyini belirleyen bir ölçüdür. AIRSAR dört bakışlı işlenmiş yoğunluk görüntüleri için $\sigma_v = 0.5$ dir.

Filtre; $\hat{x} = \overline{y} + b(y - \overline{y})$ biçiminde tanımlanır.

Burada; $\hat{x}$: filtrelenmiş piksel değeri

$\overline{y}$: lokal ortalama

b : 0-1 arasında değeri olan ağırlık fonksiyonu

b parametresi;

$$b = \frac{Var(\chi)}{Var(y)} \quad \text{ve} \quad Var(\chi) = \frac{Var(y) - y^2\sigma_v^2}{1+\sigma_v^2} \quad \text{ile hesaplanır.} \tag{3.10}$$

Var (y) : ilgi alanındaki lokal varyans

Var (χ) : benek etkisi olmaksızın yansımanın varyansı

3.8. SAR Görüntülerini Ayrımlama

SAR görüntü verilerinde yüksekliği olan cisimleri ve gölgelerini ayrımlamak için, filtrelenmiş SAR verilerinin sınıflandırılması gerekir. Sınıflamada kullanılabilecek yaklaşımlardan birisi, Bayes maksimum olasılıkla sınıflamadır. Bu olasılık fonksiyonu, çok bakışlı kovaryans matrisinin kompleks wishert dağılımına dayalıdır [13]. Basit bir ölçüt wishert yoğunluk fonksiyonuna bağlı olarak, aşağıdaki biçimde tanımlanabilir;

$$d(Z, W_m) = \sum_{J=1}^{J} \left\{ l_n \left| C_m(J) \right| + T_r \left[C_m(J)^{-1} Z(J) \right] \right\}$$

$$Z = \begin{vmatrix} \left(|S_{hh}|^2\right) & \left(\sqrt{2}S_{hh}S_{hh}^*\right) & \left(S_{hh}S_{w}^*\right) \\ \left(\sqrt{2}|S_{hv}S_{hh}^*|\right) & \left(2|S_{hv}|^2\right) & \left(\sqrt{2}S_{hv}S_{vv}^*\right) \\ \left(|S_{vv}S_{hh}^*|\right) & \left(\sqrt{2}S_{vv}S_{hv}^*\right) & \left(|S_{vv}|^2\right) \end{vmatrix} \tag{3.11}$$

* : Kompleks eşlenik

m: m'inci sınıf

$C_m(J)$: m. sınıftan bir detayın kovaryans matrisi

Z(j) : j'inci frekans bandında kovaryans matrisi

j : band sayısı

Tr : matrisin izi

Yüksekliği olan detayların çıkarılmasında; cisimlerin iç bükey veya dış bükey izlenim vermesinden yararlanarak gölgelerini kullanmak suretiyle boyut ve biçimlerini kestirmek olasıdır. Yüksekliği olan detayların gölgesine ve kendisine ilişkin pikseller doğrudan SAR görüntüsü ile korelasyonludur. SAR görüntüsü benek açısından filtrelendikten ve ayrımlandıktan sonra, yüksek cisimler ve gölgeler bulunan alanlar görüntüden ayrılır. Gölgeler, karşılık geldikleri cisimlere göre tayin edilir. Şekil 3.21'deki gibi basit bir trigonometrik model ve SAR geometrisine ilişkin bilgiler kullanılarak yüksek cisimlerin rölatif yükseklikleri elde edilir.

h_{obj} cisim yüksekliği;

$$h_{obj} = h_p\left(1-\frac{D_2}{D_3}\right)$$
$$Y_{2obj} = y_3\left(1-\frac{h_{obj}}{H_p}\right) \tag{3.12}$$
$$Y_{1obj} = \sqrt{2H_p h_{obj}} + y_1^2 - h_{obj}^2$$

(H_p :uçuş yüksekliği)

4. UZAKTAN ALGILAMA GÖRÜNTÜLERİNDE DEĞİŞİM BELİRLEME

Uzaktan algılama görüntüleri kullanılarak gerçekleştirilecek değişim belirleme çalışmalarında, aşağıda belirtilen konular öncelikle dikkate alınır.

- Problemin tanımlanması;

- Çalışma alanının tanımlanması,
- Değişim belirleme frekansının (mevsimsel, yıllık vb.) tanımlanması,
- Uygun bir arazi sınıflama sistemine göre sınıfların tanımlanması.

- Değişim belirleme sırasında önemli noktaların dikkate alınması;

- Zamansal ayırma gücü,
- Konumsal ayırma gücü,
- Spektral ayırma gücü,
- Radyometrik ayırma gücü

- Çevresel koşullar;

- Atmosferik koşullar,
- Zemin nem durumu,
- Doğal dönemlere ilişkin özellikler,

- Gel-git dönemi.
- Görüntü işleme

- Uygun değişim bilgilerinin temini;

- Yerinden temin edilen ve diğer yardımcı veriler,
- Uzaktan algılama ile temin edilen veriler
    - Baz alınan yıl (tn)
    - Sonraki yıllar (t_{n-1} veya t_{n+1})

- Farklı yıllara ilişkin uzaktan algılama verilerinin ön işlemesi

- Geometrik uyumlandırma,
- Radyometrik düzeltme (veya normalizasyon)

- Uygun değişim belirleme yönteminin seçimi
- Gerekiyorsa uygun görüntü sınıflandırma mantığının tatbiki

- Eğitimli (akıllı), eğitimsiz, karma sınıflandırma

- GIS modelleri kullanarak değişim belirleme

- Değişim belirleme matrisi kullanarak seçilen sınıfların belirginleştirilmesi,
- Değişim haritası üretilmesi,
- Değişim istatistiklerinin hesabı,
- Kalite değerlendirme ve kontrol

- İstatistiksel değişimlerin değerlendirilmesi
  - Tek tarihli sınıflandırmalar,
  - Değişim belirleme ürünleri,
  - Sonuçların dağıtımı
- Sayısal ürünler
- Analog (kağıt çıktı) ürünler

4.1. Uzaktan Algılama Sisteminde Dikkate Alınacak Noktalar

Uzaktan algılama ile başarılı bir değişim belirleme çalışması için, hem algılama sistemine hem de çevresel özelliklere önem vermek gerekir. Değişim belirleme işlemine etki eden çeşitli parametrelerin yanlış algılanması, hatalı sonuçlar elde edilmesine neden olabilir. Normal olarak bir uzaktan algılama sisteminin aşağıda belirtilen ayırma gücü sabitleri vardır; zamansal, konumsal, spektral ve radyometrik.

4.1.1. Zamansal ayırma gücü

Farklı tarihli uzaktan algılama verileriyle değişim tespiti yaparken iki önemli zamansal ayırma gücü dikkate alınmalıdır. Birincisi verilerin yaklaşık olarak günün aynı saatinde alınmış olması, diğeri yılın aynı zamanı (günü) olmasıdır (Örneğin 1 Şubat 1988 ve 1 Şubat 1996 gibi).

4.1.2. Konumsal ayırma gücü ve bakış açısı

Sayısal değişim belirleme için en az iki doğru konumsal uyuma sahip görüntü gerekir. İdeali, aynı daimi bakış açısına sahip (IFOV-intantaneous field of view) algılayıcı ile temin edilmiş uzaktan algılama verileri olmasıdır. Örneğin, 30x30m. konumsal ayırma gücündeki ve iki ayrı tarihte alınmış Landsat TM görüntülerinin birini diğerine uyumlandırmak kısmen daha kolaydır. Farklı daimi bakış açısına sahip algılayıcılarla, örneğin SPOT HRV XS ve Landsat TM verilerini de kullanarak değişiklik belirlenebilir. Bu gibi durumlarda, en küçük gösterim birimine (burada 20m x 20m.) karar vererek, her iki veri kümesinin de bu fiziksel boyuta yeniden örneklenmesi gerekir. Ancak 20m x 20m'ye örneklenen Landsat TM görüntüsünün bilgi içeriği, 30m x 30m'deki orijinal durumundan farklı değildir.

Görüntüleri standart bir harita projeksiyonuna uyumlandırmak için geometrik yataylama işlemi gerçekleştirilir. İki görüntüde yataylama işleminin 0.5 piksel veya daha küçük bir karesel ortalama hata ile sonuçlanması gerekir. İki görüntünün yanlış uyumlandırılması, her iki veri grubu içerisinde değişim belirlemede gerçek olmayan alanlar tanımlanmasına neden olabilir [16]. Bu tür konumsal filtreleme ile (adaptive gray-scale mapping) uyumlandırma yanlışlıkları sonucu doğan değişimleri elemine etmenin mümkün olduğu belirtilmektedir.

SPOT ve bazı uzaktan algılama sistemleri nadirden ± 20° lik bir bakış açısıyla veri toplarlar, yani algılayıcı zemindeki bir noktayı eğik bir ışınla kaydeder. Önemli düzeyde farklı bakış açıları ile alınmış iki görüntünün değişim belirlemede kullanılması da sorun yaratabilir. Örneğin çok büyük ve rastgele dağılımlı ağaçlardan oluşmuş bir ormanlık alanda, nadir hattında bakış ile alınan bir görüntüde doğrudan ağaç gövde ve yaprakları tepeden görülecek, 20° lik bir bakış açısı ile alınan SPOT görüntüsünde bitki örtüsünün yan kısmından yansıyan ışınlar kaydedilecektir. Her iki veri seti arasındaki yansıma farkları, değişim belirlemede ilgisiz farklar doğmasına neden olabilecektir. Bu nedenle, değişim belirlemede mümkün olduğu kadar aynı bakış açısıyla temin edilmiş veriler kullanılmalıdır.

4.1.3. Spektral ayırma gücü

Sayısal değişim belirlemede temel kabullerden birisi de; daimi bakış açısı altında bir biyofiziksel materyalin farklı tarihlerde farklı değişim göstermesi, bir pikselin iki tarihe ilişkin spektral değerleri arasında da bir değişime yol açacağıdır. İdeali, uzaktan algılama sistemlerinin spektral ayırma güçlerinin, objenin spektral özelliklerini en iyi tanımlayacak biçimde yansıyan ışınları kayıt etme özelliğine sahip olmasıdır. Ancak, farklı algılayıcı sistemleri enerjiyi elektromanyetik spektrumda ait olduğu değerleriyle (band genişliği vb. gibi) tam anlamıyla kayıt edememektedir. Örneğin Landsat multispektral tarayıcı sisteminde (MSS) nispeten geniş 4 band içerisinde enerji kaydedilir. SPOT HRV algılayıcıları kısmen daha kaba 3 bandda multispektral, 1 bandda pankromatik kayıt yaparlar. TM (Thematic Mapper) daha dar 6 optik banda ve bir geniş termal banda sahiptir. Normal olarak aynı algılayıcı sisteminin farklı tarihlerdeki görüntüleri analiz için kullanılırsa da, mümkün olmayan durumlar için uygun band kombinasyonları seçilmelidir. Örneğin SPOT'un 1 (yeşil), 2 (kırmızı) ve 3 (yakın kızılötesi) bandları Landsat TM'nin 2 (yeşil), 3 (kırmızı) ve 4 (yakın kızılötesi) veya Landsat MSS'ın 4, 5 ve 7 bantlarıyla birlikte kullanılabilir.

4.1.4. Radyometrik çözünürlük

Bir uydu algılayıcı sisteminin verileri analogdan digital'e dönüştürüldüğünde 0-255 arasında değişen parlaklık değerleri ile sonuçlanan 8 bit'lik bir kayıt sözkonusudur. Algılayıcı sistemlerinin farklı tarihlerde de aynı radyometrik duyarlık ile veri toplaması arzu edilir [17].

Bir sistemin radyometrik çözünürlüğü ile toplanan verilerin, başka bir (daha yüksek çözünürlüklü bir sistem) ile toplanmış verilerle karşılaştırılması gerektiğinde, daha düşük radyometrik çözünürlüklü veriler, değişim belirleme amaçları için yüksek çözünürlüğe genişletilir. Ancak sonuç ürünün çözünürlüğü orijinal veriden daha iyi duruma gelmez.

4.2. Değişim Belirlemede Çevresel Özelliklerin Önemi

Değişim belirlemede çevresel değişkenlerin mümkün olduğunca sabit alınması arzu edilir.

4.2.1. Atmosferik koşullar

Uzaktan algılama ile (optik tarayıcılar kullanılarak) veri toplarken bulut, sis tabakası, aşırı nem gibi koşullar olmaması gerekir. İnce bir tabaka pus dahi iki ayrı tarihli görüntüler arasındaki spektral değişimler konusunda yanlış bilgi verecek şekilde spektral izleri değiştirebilir. Hava fotoğrafı ve optik uydu görüntüsü temininde % 0 bulut örtüsü aranır. Üst limit olarak % 20'yi geçmemesi genelde kabul görmektedir. Bulutlar yalnızca araziyi örtülemekle kalmaz aynı zamanda bulut gölgeleri de sınıflandırmada önemli problemlere yol açar. Bulutla örtülü veya bulut gölgesi ile etkilenmiş bir arazi, bütün değişim belirleme işlemini filtreleyerek sonuç ürünü çok önemli ölçüde bozar.

Bulutlu olmadığı varsayılırsa, yıllık aynı tarihli alımlar, genel anlamda mevsimsel atmosferik koşulların eşit tutulmasını sağlar. Yine de ekstrem durumlar için görüntü görüntüye normalleştirme (image-to-image normalization) gibi bazı deneysel yöntemlerle bu etki elemine edilebilir.

4.2.2. Toprağın nem durumu

Bir değişim belirleme projesinde kullanılan n farklı tarihli görüntülerin, tanımlı toprak nem koşullarına sahip olması beklenir. Görüntülerden birinde çok fazla nemli ya da kuru toprak durumu olması halinde, değişim belirlemede ciddi sorunlara yol açar. Bu nedenle karşılaştırılacak görüntülerin yılın aynı zamanlarına ait olmasının yanı sıra, görüntü alımından önceki kar ve yağmur durumunun dikkate alınması gerekir.

4.3. Farklı Tarihli Görüntülerin Birleştirilmesiyle Değişim Belirleme

Bazı araştırmacılar farklı tarihlerde alınmış görüntüleri konumlandırdıktan sonra onları tek bir veri seti haline getirmiş ve bu karma setleri değişim belirlemede kullanmıştır [18,19]. Önce mevcut n bant (Örneğin 6) kullanılarak klasik sınıflama işlemi yapılır, sonra eğitimsiz (unsupervised) sınıflama ile değişen ve değişmeyen kümeler belirlenir ve bunlar analist tarafından uygun biçimde isimlendirilir.

Diğer bazı araştırmacılar asal bileşen analizi (PCA) kullanarak değişim belirlemiştir. Yine burada da iki veya daha fazla ayrı tarihli görüntünün aynı baz haritaya göre konumlandırılması ve bu verilerin aynı veri seti içerisinde birleştirilmesi gerekir. Korelasyon matrisinin analizine dayalı standart PCA ile veya varyans-kovaryans matrisine dayalı PCA ile analiz gerçekleştirilir. Bu işlemin sonucunda öz değerler ve ağırlık faktörleri hesaplanır, bu değerler korelasyonsuz yeni bir PCA veri setinin üretiminde (oluşturulmasında) kullanılır. Genellikle yeni bilgi bandlarının çoğu doğrudan değişim ile ilgilidir. Her bir görüntü bileşenini isimlendirmek ve yorumlamak durumunda güçlükler ortaya çıkabilir. Yine de yöntem kullanışlıdır, uzaktan algılama verilerinin PCA kullanılarak dönüşümü sonucu yeni bir asal bileşen görüntüsü elde edilir ve bu, orijinal görüntüye göre yorumlamaya daha uygun olur. Aynı zamanda, çok bandlı bir görüntünün (Örneğin TM'nin 7 bandı) bilgi içeriğinin sıkıştırılması ile iki veya üç bandlı dönüştürülmüş asal bileşen görüntüsü elde edilmesinde de kullanılabilir. Boyutlarının (yani, elverişli sonuçlar elde edilebilmesi için analiz edilmesi gereken veri kümesinin band sayısının) n'den iki veya üç banda indirgenebilmesi, özellikle de dönüştürülen verinin potansiyel bilgi içeriğinin orijinal veriler kadar iyi olması durumunda önemli bir göstergedir.

4.3.1. Asal bileşen analizi (PCA-Principal Component Analysis)

Çok bandlı uzaktan algılama görüntülerinde bitişik bantlar genellikle korelasyonludur. Bitki örtüsü bulunan alanlarda görülür/yakın kızılötesi görüntüler ile yakın kızılötesi ve kırmızı bandlar arasında negatif korelasyon, görünür bandlar arasında ise, bitki örtüsünün spektral özellikleri (yoğun yeşil örtü kırmızı yansımayı azaltır, yakın kızılötesi yansımayı artırır) nedeniyle pozitif korelasyon vardır.

x ve y gibi iki değişken birbirleriyle yüksek korelasyonlu ise, x ve y'ye ilişkin aynı andaki ölçümler Şekil 4.1'deki gibi bir doğru hat çizerler [19].

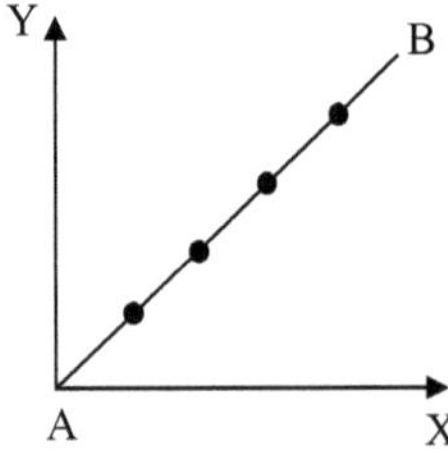

Şekil 4.1 x ve y gibi iki değişken arasındaki yüksek korelasyonun ifadesi

Eğer x ve y yüksek korelasyonlu değilse, değişimin hakim olduğu bir doğrultu ortaya çıkabilir. Şekil 4.2'deki gibi, değişimin hakim doğrultusu ana eksen olarak seçilirse, ona dik açılı bir CD ekseni de yardımcı eksen olarak alınabilir.

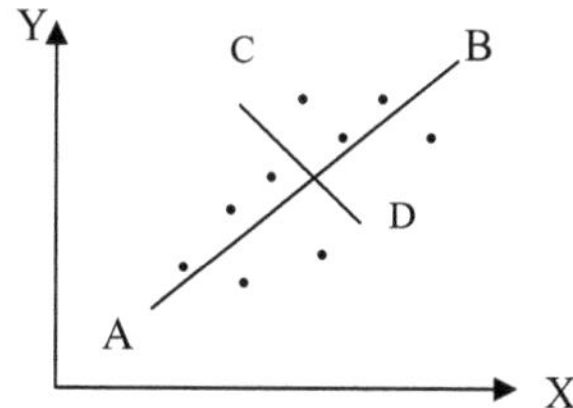

Şekil 4.2 x ve y değişkenleri arasında iki boyutlu yüksek korelasyon

AB ve CD eksenleri kullanılarak oluşturulacak bir grafik, x ve y eksenleri ile oluşturulan klasik bir grafiğe göre, verilerin sunumu ile yapıları daha iyi temsil edebilmektedir. Eğer CD doğrultusu toplam değişim içerisinde çok az bir yer kaplıyorsa çok fazla bilgi kaybına yol açmaksızın ihmal edilebilir.

Bu örnekte göstermektedir ki; bir veri kümesi (spektral bandlar) içerisindeki değişkenlerin sayısı ile kümenin boyutu arasında bir temel ayrım yapılması gereklidir. Şekil 4.1'deki değişken sayısı 2, boyutu 1'dir. Şekil 4.2'de de boyut yine 1, ölçülen değişken sayısı ise 2'dir. Her iki örnekte de X, Y eksenleri yerine AB ekseninin kullanılması ile; tek bir koordinat ekseni üzerinde yer alması nedeniyle veri kümesinin boyutunu azaltmak mümkün olur. Ayrıca, X ve Y eksenleri üzerinde ayrı ayrı gösterilen bilgi, AB ekseni üzerindeki koordinatlarla ifade edilen bilgiden daha azdır. Bu bağlamda bilgi, ortalamanın dağılımı veya varyansı anlamındadır.

Çok spektrumlu veri setleri, genellikle spektral bandların sayısından daha küçük bir boyuta sahiptir. TM'nin 7 bandına karşılık 3 boyutu, MSS'in 2 boyutu (parlaklık ve yeşillik) söz konusu olabilmektedir. Asal bileşen analizinin amacı, bir veri kümesinin boyut sayısını belirlemek ve verilerdeki değişimin en büyük olduğu doğrultudaki ekseni tanımlayan katsayıları bulmaktır. Bu eksenler daima korelasyonsuzdur [18].

Asal bileşen analizinin (Karhunen-Loeve dönüşümü olarak da bilinir) bu özellikleri, eğer veriler sıkıştırılacaksa yararını gösterir. Aynı şekilde, farklı arazi örtüsünü temsil eden farklı piksel grupları arasındaki ilişki, bu piksellerin orijinal spektral bandlar yerine asal eksen referans sistemiyle gösterimi halinde daha açık hale gelir. Üçten fazla spektral band varsa, veri sıkıştırma özelliği yarar sağlar. RGB renkli görüntüleme sistemi, 3 renkli girdilerden birinin spektral bandı ile ilişkilidir. Landsat TM'nin 7 bandı vardır ve renkli görüntüleme durumunda hangi üç bandın kullanılacağına karar verilmesi gerekir.

Eğer TM verilerinin temel boyutu 3 ise, 7 banddaki bilgilerin çoğu 3 asal bileşen ile açıklanabilir. Bu nedenle asal bileşen görüntüleri, RGB ters renkli görüntü oluşturmak için kullanılabilir. Asal bileşen 1 kırmızı, 2 yeşil ve 3 mavidir. Böyle bir görüntü 3 spektral bandın herhangi bir kombinasyonundan daha fazla bilgi sağlar.

En fazla değişimin olduğu doğrultularda birbirine dik eksenli (2 bandlı) veri seti, Şekil 4.2'deki gibi görsel algılama ile AB ve CD biçiminde iki eksene ayrılabilir. Değişkenlerin sayısının 2'den fazla olduğu durumlarda geometrik çözüm pratik değildir, cebirsel bir fonksiyon kullanılması gerekir. Şekildeki AB ekseni x ve y değişkenleri arasındaki korelasyonla tanımlanır, bu yüksek pozitif korelasyon, belli bir dağılımdaki noktaların x ve y eksenleri ile iki boyutlu tanımlanan elips alanı içerisinde yer almaktadır. AB ekseni gerçekte elipsin asal eksenini (büyük eksen), CD'de küçük eksenini oluşturur. Çok değişkenli bir yapıda, elipsin biçimi genişleyerek P boyutlu bir uzayda dağılmış noktaları içine alacak biçime dönüşür. Bu uzay spektral bandların P değişkeninden hesaplanan varyans-kovaryans matrisi ile tanımlanır. Her bir spektral bandın varyansı, bu değişkene ait değişimi temsil eden eksene paralel doğrultudaki noktaların dağılımı ile ifade edilir. Şekil 4.2'deki x ve y değişkenlerinin varyansı yaklaşık eşittir. Kovaryans ise, dağılmış noktaların çevrelediği elipsin biçimini belirler.

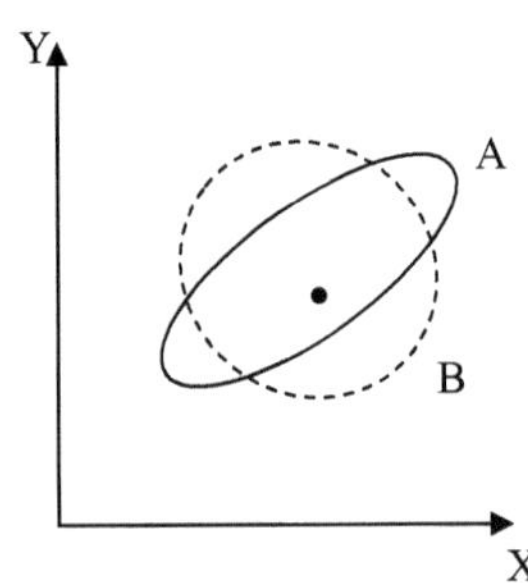

Şekil 4.3 x ve y değişkenlerine göre aynı varyansa sahip değişken eğrileri

Şekil 4.3'de değişkenlerin dağılımını ifade eden biçimlerden birisi (düz çizgi), yüksek bir pozitif kovaryansı, diğeri (kesik çizgi) sıfır kovaryansı gösterir. Her bir değişkenin ortalaması elipsin merkezini veya iki boyuttan fazla olması durumunda elipsoidin merkezini verir. Yani ortalama vektörü ve varyans-kovaryans, matrisi P boyutlu bir uzayda nokta dağılımını gösteren şekli ve konumu belirleyen elemanlardır.

Korelasyon matrisi ile varyans- kovaryans matrisi arasındaki ilişki bazen karmaşaya neden olabilir. Eğer veri kümesini oluşturan P değişken, farklı ve birbiriyle uyumlu olmayan ölçütlerde (deniz yüzeyinden itibaren m. cinsinden yükseklik, milibar cinsinden barometrik basınç veya kg. cinsinden ağırlık gibi) ölçülürse, bu değişkenlerin varyansları karşılaştırılamaz.

P boyutlu bir uzayda dağılmış noktaları çevreleyen elipsin biçimini belirlemede kullanılacak varyans için, değişkenlerin aynı ölçü biriminde olması gerektiği açıktır. Örneğin üç değişken; deniz seviyesinden yüksekliği metre yerine feet, basınç milibar yerine inch ve ağırlık da kg. yerine ons ile ölçülmüş olsun. Yalnızca her bir değişkene ait varyans değil, aynı zamanda çevreleyen elipsoidin de şekli değişir. Değişimin derecesi her boyutta sabit olmaz ve elipsoidin bu durumundaki şekli de önceki şekil ile basit bir ilişkide olmaz. İşte bu gibi durumlarda, kovaryans yerine korelasyon katsayısı kullanılarak, spektral bandlar arasındaki istatistiksel ilişkinin derecesi ölçülür.

Korelasyon basitçe, standartlaştırılmış değişkenlerin kovaryansıdır. Bir değişkeni standartlaştırmak için, ortalama değer bütün ölçü değerlerinden çıkarılır ve sonuç standart sapmaya bölünür. Korelasyon matrisinin köşegen dışı terimleri standart değerlerin kovaryansını ve köşegen terimleri de varyansını oluşturur.

Çok spektrumlu bir görüntünün asal bileşenlerini bulmak için, genelde bandların varyans-kovaryans (cov) matrisi veya korelasyon matrisi hesaplanır [18,19].

Kovaryans matrisinin öz değerleri (E); E= [$\lambda_{1,1}$, $\lambda_{2,2}$.... $\lambda_{n,n}$] ve öz vektörleri (EV); EV=[a_{kp} k=1, n (band sayısı) ve p= 1,n (bileşen sayısı)] hesaplanır.

$$\underset{(nxn}{EV}\ \underset{(nxn)}{\mathrm{cov}}\ \underset{(nxn)}{EV^T} = \begin{bmatrix} \lambda_{11} & 0 & 0 & 0 \\ 0 & \lambda_{22} & 0 & 0 \\ 0 & 0 & \lambda_{33} & 0 \\ 0 & 0 & 0 & \lambda_{nn} \end{bmatrix}$$

EV^T= Öz vektörler matrisinin transpozu

E = Köşegen kovaryans matrisi elemanları (λ_n) p inci asal bileşenin (p=1, n (bileşen sayısı)) varyansı olup, öz değerler olarak adlandırılır.

Köşegen dışı kesimleri sıfırdır. Bir nxn boyutlu kovaryans matrisinin sıfır olmayan öz değerleri sayısı n band sayısına eşittir. Bu öz değerler bileşen olarak da adlandırılır (Örneğin öz değer 1, asal bileşen 1'i ifade eder).

Öz değerler önemli bilgiler içerir. Örneğin, her bir asal bileşen ile açıklanan toplam varyansın yüzdesini belirlemek mümkündür.

$$\%p = \frac{özdeğer\lambda_p x100}{\sum_{p=1}^{n} özdeğer\lambda_p}$$

λ_p : n öz değer içinde pinciözdeğer

Bir Landsat TM görüntüsünün birinci asal bileşeninin (özdeğer λ_1) tüm veri grubu içinde % 84.68 varyansa sahip olduğu varsayılsın. 2. bileşen % 10.99 ise, ilk iki asal bileşenin toplam varyansı % 95.67 dir. 3. bileşen % 3.15 varyansı ile ilk ikiye dahil olduğunda, toplam % 98.82 üç bileşenin varyansı olur. Böylece bandlı bir TM görüntüsü, üç yeni asal bileşen görüntüsü (ya da bandı) halinde sıkıştırılarak % 98.82 varyans ile açıklanabilir.

Bu yeni bileşenler ile; her bir k bandının p bileşeni ile korelasyonu hesaplanarak, her bir bandın ne ölçüde yüklü olduğu belirlenebilmektedir.

$$\mathbf{R}_{\mathbf{kp}} = \frac{\mathbf{a}_{\mathbf{kp}} \times \sqrt{\lambda_{\mathbf{p}}}}{\sqrt{\mathrm{var}_{\mathbf{k}}}}$$

$\mathbf{a}_{kp}$ = k bandı ve p bileşeni için özdeğer vektörü

λ_p = p. özdeğer

var_k = kovaryans matrisinde k bandının varyansı

Bu hesaplamanın sonucu "yükleme faktörleri" ile dolu nxn boyutlu yeni bir matris elde edilir. Örneğin 1 nci bileşen için (satırlar bant no, sütunlar bileşenler olmak üzere) 4, 5 ve 7 nci bandlarda en yüksek korelasyon (yükleme faktörleri) görülür. Bu bileşen bir yakın ve orta kızılötesi yansıma bandıdır. Golf alanları ve diğer bitki örtüsü bu görüntüde özellikle parlaktır. Diğer taraftan, 2 nci bileşen yalnızca görünür bandlarda (1, 2 ve 3) yüksek korelasyona sahiptir. Bitki örtüsü bu görüntülerde dikkati çekecek derecede koyudur. Bu bir görünür spektrum bileşenidir. 3 ncü bileşen yakın kızılötesi bandda korelasyona sahiptir ve belli bazı bitki örtüsü bilgisi içerir.

Her bir bileşenin, ne tür bilgiye sahip olduğunu ve bu bileşen görüntülerinin neye benzediğini anlamak için, önce verilen bir pikselin parlaklık değerini ($BV_{i,\ j,\ k}$) tanımlamak gerekir. Böyle bir durumda önce ilk piksel, varsayıma dayalı bir görüntüde her bir 7 bandda 1. kolon ve 1. sütunda değerlendirilir. Aşağıdaki gibi bir X vektörü ile gösterilir.

$$X = \begin{bmatrix} BV_{1,1,1} & = & 20 \\ BV_{1,1,2} & = & 30 \\ BV_{1,1,7} & = & 62 \\ BV_{1,1,6} & = & 50 \end{bmatrix}$$

Daha sonra bu veriler birinci asal bileşen eksenine yansıtılmak üzere uygun bir dönüşüme tabi tutulur. Bu p bileşeni için, aşağıdaki formülle hesaplanan yeni parlaklık değeri bulunur.

$$yBV_{i,j,p} = \sum_{k=1}^{n} a_{kp} BV_{i,j,k}$$

a_{kp} = özdeğer vektörü

BV_{ijk} = k bandının i satır, j sütunundaki pikselin parlaklık değeri

n = band sayısı

Bu işlem, orijinal görüntü verilerindeki her pikselin 1. asal bileşen görüntü verileri hazırlanıncaya kadar devam eder. Daha sonra p bir artırılarak 2. asal bileşen için piksel bazında yeni görüntü oluşturulur.

Eğer 1, 2 ve 3. asal bileşenleri orijinal 7 banddaki verilere ilişkin varyansın çoğunu içeriyorsa, görüntü zenginleştirme veya sınıflama, yalnızca bu üç asal bileşen görüntüsü kullanılarak gerçekleştirilebilir. Böylelikle analiz edilecek veri miktarı çok büyük oranda azaltılabilir ve uzaktan algılama verilerinde sınıflama yapmak için sıkça kullanılan ve çok zaman harcanan detay seçimi işlemi atlanabilir.

4.3.2. Değişim belirlemede görüntü matematiği

Ortak bir baz haritaya göre uyumlandırılmış ve konumlandırılmış iki görüntünün; aynı bandları arasındaki görüntü farkları veya band ortalaması yoluyla, arasındaki değişimin miktarını kolayca tanımlamak mümkündür. Görüntü farkı; bir görüntünün farklı bir tarihe ait görüntüden çıkarılması işlemidir. Çıkarma işlemi sonucunda, yansıma değişimlerinin olduğu bölgeler için pozitif veya negatif değerler ve değişim olmayan alanlar için de sıfır değerler elde edilir. 0-255 arasında değişen piksel değerleriyle 8 bitlik bir analizde, fark değerleri de 0-255 arasında değişir. Sonuçlara sabit bir sayı (örneğin 127 gibi) eklenerek pozitif değerlere dönüşmesi sağlanır. Bu işlem matematiksel olarak aşağıdaki biçimde açıklanabilir.

$$D_{ijk} = BV_{ijk}(1) - BV_{ijk}(2) + c$$

D_{ijk} = pikselin fark değeri

$BV_{ijk}(1)$ = (1) zamanına ait görüntüdeki pikselin fark değeri

$BV_{ijk}(2) = (2)$ zamanına ait görüntüdeki pikselin fark değeri

C = sabit değer (Örneğin 127)

i = satır numarası

j = sütun numarası

k = band numarası (Örneğin TM band 4)

Elde edilen bu fark görüntüsü, parlaklık değerlerinin yaklaşık olarak Gauss Eğrisi oluşturduğu bir dağılım gösterir.

Bu yöntem ile değişim belirlemede kritik nokta; fark görüntüsü histogramında değişen ve değişmeyen pikseller sınırını, yani basamak değer sınırını belirlemektir. Çoğu uygulamada ortalamanın standart sapması seçilir ve deneysel olarak test edilir. Tam tersi durumda da, deneysel değerlerle basamak belirlenir ve gerçekçi bir değişim miktarı bulana kadar bu değerler değiştirilir. Yani seçilen ve sonuçta gösterime sunulan değişimin miktarı subjektiftir ve çalışma alanı hakkında daha önce bilgi sahibi olunmasını gerektirir. Diğer taraftan, görüntü farkları yalnızca değişen alanların tanımlanmasını sağlar, değişimin yapısı (nereden-nereye) hakkında bilgi vermez. Yine de diğer tekniklerle birlikte (Örneğin, binary değişim kalıbı kullanılarak farklı tarihli görüntülerde değişim belirleme yöntemi) kullanıldığında, kayda değer bir yöntemdir.

4.3.3. Final sınıflamaların karşılaştırılması ile değişim belirleme

En çok kullanılan nicel değişim belirleme yöntemidir. Her bir uzaktan algılama görüntüsünün konumlandırılması ve sınıflandırılması gerekir. Elde edilen bu sınıflandırma haritalarındaki her bir hata, final değişim belirleme haritasında da aynen yer almaktadır.

4.3.4. Son tarihli görüntüye binary değişim kalıbı uygulayarak farklı tarihli görüntülerle değişim belirleme

Etkin bir değişim belirleme yöntemidir. Önce 1. tarihli olarak adlandırılan baz görüntü seçilir. 2. tarihli, 1.'den önceki veya sonraki tarihli bir görüntü olabilir. 1. tarihli görüntü konumlandırıldıktan sonra sınıflama işlemine tabi tutulur. Daha sonra her iki görüntüdeki bandlardan biri (Örneğin band 3) yeni bir veri kümesi için alınır. Bu iki banda ilişkin veriler çeşitli matematiksel fonksiyonlar kullanılarak band oranlama, görüntü farkları veya asal bileşen yöntemiyle analiz edilir ve yeni bir görüntü dosyası oluşturulur. Bu yeni görüntüde değişen ve değişmeyen alanların tanımlanması için bir basamak değer seçilir. Değişim görüntüsü (her iki görüntü arasındaki farklar) binary bir görüntü kütüğü içerisine kodlanır. Bu kalıp daha sonra 2. tarihli görüntünün üzerine çakıştırılıp, 2. görüntüde yalnızca bu değişimi yansıtan pikseller sınıflamaya dahil edilir. bunun takibinde final sınıflama işlemi uygulanabilir.

Bu yöntem değişim belirleme hatalarını (süzme, şişirme) azaltır ve değişim sınıflarına ilişkin daha detaylı nereden-nereye bilgisi sağlar. Yöntemin sonuç doğruluğu, değişen/değişmeyen binary kalıbının kalitesine bağlı olmakla birlikte çok kullanışlı bir modeldir.

4.3.5. Bant oranlama

Parlaklık değeri tanımlı yüzey materyallerin bu değerleri, bazen topoğrafik eğim ve görüş açısı, gölge ve güneş ışınlarının mevsimsel aydınlatma açı ve yoğunluklarındaki değişimler nedeniyle farklılıklar gösterir. Bu durum, yorumlamada veya sınıflama algoritmalarının doğru tanımlamalar yapmasında engellere neden olabilir. Bu tür çevresel koşulların etkisini azaltmak için, uzaktan algılama verilerine belirli bazı durumlarda oran dönüşümleri uygulanabilir. Çevresel etkileri en aza indirmenin yanı sıra, oranlar aynı zamanda tek bir band ile sağlanamayacak toprak ve bitki örtüsü ayırımı gibi tek anlamlı bilgiler de sağlar.

Oran fonksiyonunun matematiksel gösterimi;

$$BV_{ijt} = \frac{BV_{ijk}}{BV_{ijl}}$$

BV_{ijt} ; i satırı j sütunundaki pikselin oran değeri

BV_{ijk} ; aynı konumda k bandındaki pikselin parlaklık değeri

BV_{ijl} ; aynı konumda l bandındaki pikselin parlaklık değeri

Parlaklık değerinin 0 olduğu durumlarda piksele 1 değeri atanarak veya eşitlik sıfıra eşitse 0.1 değeri verilerek problem çözülür.

Oran değerini standart 8 bit'de kodlamak ve fonksiyonu doğrusal bir biçimde göstermek için, normalleştirme fonksiyonu uygulanır. Bu fonksiyon ile, 128 parlaklık değeri için 1 oran değeri atanır.

1/255 ile 1 arasındaki oran değerleri için;

$$BV_{i,j,n} = Int\lfloor (BV_{i,j,r} x127) + 1 \rfloor$$

$$BV_{i,j,n} = Int(128 + \frac{BV_{i,j,r}}{2})$$

Hangi iki bandın oranlama için uygun olduğuna karar vermek çok kolay değildir. Çoğunlukla değişik oranlar görüntülenir ve görsel olarak en uygun olanı seçilir.

5. LAZER TARAMA VE DEPREM HASARLARININ ANALİZİNDE KULLANIMI

5.1. Lazer Tarama

Geleneksel yöntemlerle güncel sayısal yükseklik modellerine olan ihtiyacın karşılanamadığı durumlar için ortaya konulmuş ve geliştirilmiş bir yöntemdir. Büyük oranda otomatik ölçümlere dayanan, tümüyle sayısal veri kaydına ve bilgisayara dayalı değerlendirmeye gereksinim duyulan bir yöntem olarak karakterize edilebilir. Böylelikle oldukça kısa bir zaman içerisinde, geniş bir alanda, güncel ve yüksek doğrulukla sayısal yükseklik modeli elde edilmesine olanak sağlamaktadır.

Lazer tarama yönteminde uçağa takılı tarayıcı, uçuş hattına göre belirli bir açıyla lazer ışın demetleri gönderir ve uçuş hattı boyunca arazi üzerinde belirli bir kuşağı (şeridi) örnekler (Şekil 5.1). Yer yüzeyine olan mesafe, lazer dalgasının gidiş dönüş zamanı ölçülerek belirlenir. Tarayıcının fiziksel durumu, yani konumu GPS-INS (Inertial Navigation System) verileri ile hesaplanır [20,21]. Lazer tarama ; mesafe ölçümleri için bir lazer uzaklık tarayıcısı, GPS alıcısı ve INS ile taranan araziyi görüntüleyen kamera bileşeni ve eş zamanlı veri yüklemeyi kontrol eden bir bilgisayardan oluşan bir çoklu algılayıcı (multi-sensor) sistemidir.

Halen günümüzde mevcut olan TopoSys, TopoScan gibi lazer tarama sistemleri incelendiğinde, genel özelliklerini aşağıdaki biçimde özetlemek mümkün olabilir [22,23].

Uçuş yüksekliği : 100 – 1000 m.
Tarama açısı : $0^{o} \pm 20^{o}$ değişken
Tarama modu : İlk ve son pals
Tarama frekansı : 300 Hz (Ayarlanabilir)
Şerit genişliği : 70-700 m.
Uzunluk ölçüm doğruluğu : <0.1 m.

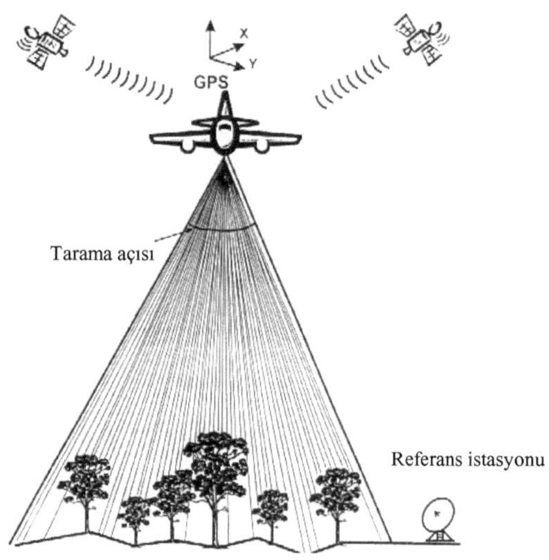

Şekil 5.1 Lazer taramanın ölçüm prensibi

5.2. Temel Özellikleri

Lazer taramanın tipik özelliği, hemen hemen tüm doğal yüzeylerin yansıtmalarını tespit eden ve olumsuz meteorolojik koşullara rağmen, reflektör kullanmaksızın mesafelerin ölçümünü sağlayan bir sistem olmasıdır.

Lazer ışınlarının yansıması yöneltilmiş değil genellikle saçılım biçimindedir. Yansıma taranan yüzeyin özelliklerine bağlıdır ve yansıtma terimi ile açıklanır ; daha pürüzsüz yüzeyler daha fazla yansıtırlar. Doğal yüzeylerin yansıtması, kumlu yüzeylerde % 10-20, bitki örtüsünde % 30-50 ve karlı-buzlu yüzeylerde % 50-80 arasındadır [23].

Hedef yüzeyinden gelen yansıma miktarı, lazer mesafe ölçümünde tarama uzaklığını doğrudan etkiler. Düşük yansımaya sahip yüzeyler için tarama mesafesi, yüksek yansıtma özelliğine sahip yüzeylerden daha azdır.

0.25 mrad'lık bir ışın yayılma demeti ve 1000 m. uçuş yüksekliğinde, lazer ışın demeti yer yüzeyine ulaştığında 25 cm.lik bir çapa ulaşır. Bu nedenle, bitki örtüsünü geçerken çok sayıda yansıma sağlar. Bunların bazıları bitki örtüsü tarafından, bazıları da zeminden yansıtılır. Bazı tarayıcı sistemlerin (örneğin ALTM 1020) bu tür çoklu yansımalarda, aralarındaki farkı ayırt etme ve bunları ilk ya da son pals dönüşüne göre kayıt edebilme özelliği vardır.

Zeminden yansıyan nokta sayısının, toplam ölçülen nokta sayısına oranı nüfuz edebilme (penetrate) oranı olarak adlandırılır. Deneysel çalışmalar nüfuz oranının, yaprağını döken ağaçlar için % 31, iğne yapraklı ormanlarda % 64 olduğunu göstermiştir [23].

Lazer tarama her mevsimde, gece veya gündüz yapılabilir. Ancak, tarayıcı ile arazi yüzeyi arasında, yağmur gibi engel bulunmaması gerekir. Ormanlık alanların topoğrafik haritasını yapmak için en iyi periyot, sonbaharın sonları ile ilkbahar arasındaki zamandır.

5.3. Nokta Dağılımı ve Yoğunluğu

Tarayıcı sistemin parametreleri ; lazer yineleme oranı, tarama açısı ve tarama frekansı değişken olup, arazi yüzeyinden olan uçuş yüksekliği, uçağın hızı ve uçuş hatları arasındaki mesafeye bağlı olarak ayarlanır ve lazer ışın kümesinin yer yüzeyi üzerindeki nokta dağılımını ve sıklığını belirler.

Tarama şeridinin genişliği, tarama açısı ve uçuş yüksekliğinin bir fonksiyonudur. 1000 m.lik uzaklık ve ± 20°'lik tarama açısıyla elde edilebilecek şerit genişliği 700 m.dir. Diğer taraftan, tarama açısı 0°'ye ayarlandığında, uçuş doğrultusu boyunca en yoğun nokta sıklığında bir profil (70 lazer noktası/m gibi) elde edilir [24]. Bu tür boyuna profiller koridor biçiminde, boru-elektrik hattı vb. planlama çalışmalarında kullanılabilir. 1 Hz'lik yineleme oranı ile çok sık dik profiller toplanır. Bu durumda saniyede iki tarama hattı, 500 Hz'lik bir örnekleme oranıyla her birinde 2500 nokta olacak şekilde elde edilir. 500 m. şerit genişliğinde, lazer hattında noktalar arasındaki aralık 20 cm. olur. Bu durumda da tarama hatları arası 35 m. ve şerit kenarları 70 m.dir [24].

Bu tür profiller demiryolları, kanallar, enerji nakil hatları vb. uzun detayların haritasının üretimi için çok kullanışlıdır. Yüksek yineleme oranları, uçuş ekseni boyunca tarama çizgileri arasındaki mesafeyi azaltırken, bu hatlarda yer alan noktalar arasındaki uzaklıkların artmasına neden olur.

5.4. Değerlendirme

Uçuş sırasında elde edilen veriler birkaç adımda bilgisayara dayalı işlemden geçirilir. Bu adımlar; hazırlık, GPS değerlendirme, sistem kalibrasyonu, bütün lazer noktalarının ülke koordinat sisteminde koordinatlarının hesabı ve lazer noktalarının otomatik sınıflandırılmasıdır.

GPS kayıtlarının öncelikle kod çözümleri (decode) yapılır ve sürekliliği-tamlığı kontrol edilir. Daha sonra rölatif kinematik konumlama modelinde çift faz farkları kullanılarak uçuş hatları hesaplanır.

Sistem kalibrasyonu ; verilen bir kontrol yüzeyine ve şerit bindirmelerine dayalı olarak hesaplanır. Kontrol yüzeyleri ; spor sahaları, büyük park alanları vb. düzgün profildeki arazi tipleri olabilir. Bu yüzeylerin yükseklik değerleri takeometre veya GPS gibi ayrı bir yöntemle belirlenir. Gerekirse sistem kalibrasyonu sırasında laboratuvar kalibrasyonuyla belirlenmiş çeşitli parametreler de kontrol edilir ve düzeltilir. Daha sonraki adımda proje alanındaki tüm yansımış lazer noktalarının koordinatları hesaplanır. Lazer tarama ile elde edilen ilk sonuçlar, taranan alanın bitki örtüsü, insan yapısı detaylar ve geçici yüzey detayları da dahil olmak üzere tanımlayan ve çok sayıda lazer noktalarından oluşan yükseklik profilleridir.

Final DEM'i oluşturan noktalar filtreleme yöntemleri ile otomatik olarak seçilir. Lazer noktaları iki ana sınıf içinde toplanabilir ; arazi yüzeyi tarafından yansıtılmış noktalar ve diğer noktalar. İkinci grupta genellikle insan yapısı detaylardan ve bitki örtüsünden yansıyan noktalar yer alır. İstenilen kaliteye bağlı olarak, otomatik sınıflandırma bazı interaktif grafik editleme fonksiyonları kullanılarak optimize edilebilir. Sınıflandırılmış lazer noktaları, lazer taramanın nihai durumunu oluşturur. Bunlardan elde edilen standart ürünler sayısal yükseklik modelleri (DEM) ve sayısal yüzey (DSM) modelleridir (Şekil 5.2) [25].

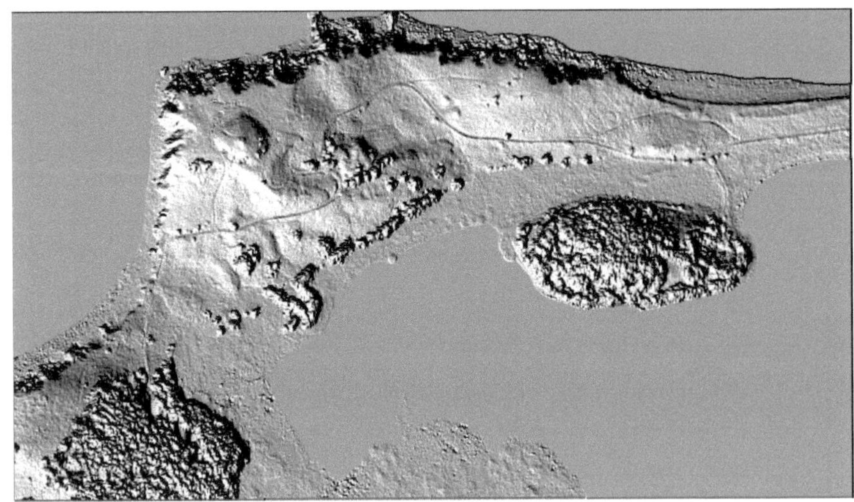

Şekil 5.2 Sayısal Yüzey Modeli (DSM)

5.5. Hasar Tespitinde Kullanımı

Bir afetin arkasından kurtarma çalışmaları mümkün olan en kısa sürede başlatılmalıdır, aksi takdirde hayat ve değer kaybı zaman içinde hızla artar. Bu da hızla bilgi türetmeyi gerektirir. Yüksek nokta yoğunluğu ile lazer tarama yapan sistemler, hiç kuşkusuz büyük şehirlerin yükseklik verilerini dakikalar içerisinde temin etmezler.

Uydulara takılı optik algılayıcılar veya uçaklara takılı kameralarla kıyaslandığında, 100-500 m. gibi bir kolon genişliği ile büyük alanların kapsanması oldukça uzun bir uçuş süresi gerektirir. Buna rağmen toplanan verilerin işlenmesi ve analizi diğer algılayıcılara göre daha hızlı olduğu için, lazer tarama hızlı veri toplama yöntemi olarak görülmektedir [26].

Lazer tarama ile yükseklik verileri ve spektral olmayan detaylar toplanmaktadır. İnsan yapısı cisimlerdeki hasarları araştırırken, onların olaydan sonraki durumunu geometrik olarak modellemek ve yorumlamak gerekir.

5.5.1. Binaların modellenmesi

Binalardaki hasarları tespit etmek için, öncelikle kullanılan veri setlerinde binaların tanınması gerekir. daha sonra da binaların olay öncesi durumları ile kıyaslaması yapılır. Yani, tercihen afet öncesi oluşturulan bir model veya afetten sonra, önceki duruma ait veri setleriyle hesaplanmış model kullanımı gereklidir.

Uzaktan algılama verilerinden binaların otomatik olarak tespit edilmesinde, paralellik veya doğru köşe gibi bazı geometrik sınırlamalar kullanılır. Ancak bu, yalnızca özel tip çatısı olan binalar için değil, tahrip olmuş binalar için de kritik bir durumdur. Diğer bir kabul de, bir binanın düzlem yüzeylerle modellenmesidir. Doğal olarak bu da her durum için doğru değildir ama, bazı şekiller için prensip olarak bir genelleştirme yapılabilir [27].

Şekil 5.3'de bina tanıma ve yeniden oluşturma işlemi görülmektedir. Burada DSM'ye ilave olarak gerçek ortofoto da kullanılmaktadır. Felaket halinde hızlı veri toplama ve analiz gerekliliği dikkate alındığında, bu durum bir sıkıntı olarak görülebilir. Yine de lazer tarama sistemlerinin yeni kuşak ürünlerinin diğer algılayıcılar ile bütünleşmesi eğilimi dikkate alınırsa, bu sorunun da aşılabileceği düşünülebilir. Örneğin, TopoSys II'de sistem bir spektral çizgi tarayıcı ile tamamlanmıştır.

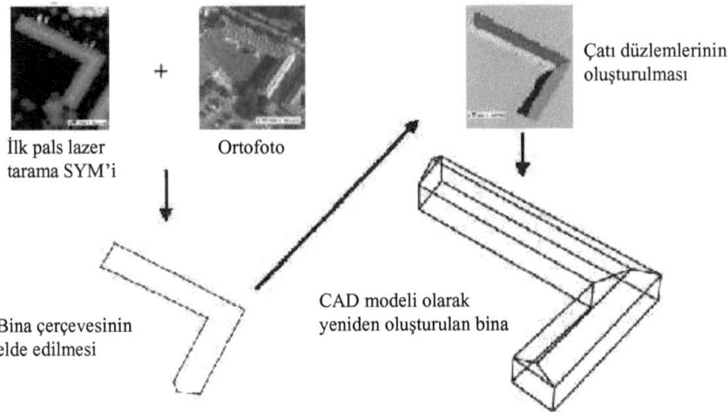

Şekil 5.3 Bina tanıma ve oluşturma işlemi

Başlangıçta, zemin üzerinde yer alan tüm cisimler analiz edilerek, bina olmayanlar bulunur. Binaların NDVI (normalleştirilmiş bitki indeks fark değeri) değerleri düşüktür. Bu nedenle, spektral özelliklere dayalı bitkilerden ayırt edilebilirler. Diğer bir ayırt edici özellik de, yer seviyesinden yüksekte olmasıdır. Ayıklama işlemi; arazi yüksekliği çıkarılmış bir DSM'de (DSM'den filtreleme ile DTM'nin çıkarılmış hali) detayların yükseklikleri analiz edilmek suretiyle kontrol edilir.

Böylelikle bina olması muhtemel detaylar çıkarılır. Daha sonra dikdörtgen biçimler, paralel doğrular, her bir alandaki nokta sayısı vb. birtakım göstergeler ile bina ve bina dışı cisimler ayırt edilir ve sonuçta bina görünümlü detaylar elde edilir. Hasarlı binalar söz konusu olduğunda, doğal olarak yukarıdaki kriterlerin çoğunluğu karşılanamayacağından, bina ayırt etme işlemi başarısızlığa uğrayabilir. Bunun için afet öncesi toplanmış ve bina varsayımını kesin olarak tanımlamak üzere ilave veriler kullanılır [26].

Diğer bir seçenek, haritalar ile lazer tarama sonucu türetilen DSM'nin birlikte kullanımı suretiyle binaların otomatik olarak türetilmesidir.

Bina varsayımı dahilindeki alanlarda düzlem bölümlemesi işlemi gerçekleştirilir. Yaklaşımın temel prensibi, 3x3 piksel gibi küçük bir çekirdek düzlemin bina oluşturduğunu varsaymaktır. Bu düzlem ile başlayarak komşu piksellerin söz konusu düzleme ait olup olmadıkları kontrol edilir. Böylelikle her bir nokta için yeni bir düzlem hesaplanır ve aidiyetleri açısından analiz edilir. Sonuçta bina çatılarının tek anlamlı yüzeyleri oluşturulur. Bu yüzeyler bina kenarlarını, düzlem kesişim kenarlarını bulmak için kullanılır. Daha sonra geometrik elemanlar, binanın CAD gösterimi için bağlantı elemanları olur [27]. Şekil 5.3'de bunun bir örneği görülmektedir.

Deprem riski taşıyan bölgeler için, deprem öncesi duruma ilişkin bina modellerinin çıkarılması zaman yönünden çok kritik değildir. Yani yukarıdaki yöntemle bulunma gereği yoktur, örneğin fotogrametrik yöntemle önceden temin edilebilir. Yine de yorumlamada sorun çıkmaması için en azından iki modelin birbirine yakın doğrulukta ve rezülasyonda olması gerekir. Değişiklikleri hasar olarak yorumlamak için ilave bilgiler kullanılır. Binalardaki hasarlar genellikle hasar sınıflarına göre tanımlanırlar. Bu da ülkeden ülkeye değişebilir. Bunların her biri için ayrı bir kalıp hazırlamak mümkündür. Farklı durumlar için bu hasar kalıplarının farklı kombinasyonlarını uygulamak mümkün olabilir. Bir örnek vermek gerekirse, "kek çöküşü" biçimindeki bir hasar, hemen hemen hiç değişmemiş bir çatı yapısına karşılık bütün köşe noktaları Şekil 5.4'deki gibi daha derindir.

Şekil 5.4 "Kek çöküşü" hasar örneği

5.5.2. Yollar

Bir afet yönetiminde yollar önemli rol oynar. İnsanlara herhangi bir biçimde yardımın ulaştırıldığı yaşam hatlarını oluştururlar. Bilgisayar destekli bir kriz yönetiminde, kurtarma faaliyetlerini planlarken dikkate alınacak en temel konulardan birisi de bölgeye ulaşım olanaklarıdır. Bu tür kriz yönetim sistemleri, yolların grafik tabanlı gösterimlerini kullanırlar. Kullanılan grafik genellikle haritaya veya GIS bilgisine dayalı olarak oluşturulur. Ancak, bir afet sonrası cadde ve sokak ağına ilişkin bu bilgiler, önemli hasarlar nedeniyle kullanıma uygun olmayabilmektedir. Bu durumda yeni grafiklerin oluşturulması gereklidir.

Deprem sonrası yolların analizi için öncelikle mevcut yolların üzerindeki engeller incelenmelidir. Engeller, yol üzerinde bulunan ve yüksekliği yol düzeyinden bir anlam ifade edecek şekilde farklı olan cisimlerdir. Örneğin, bu yaklaşımla bir taş yığını engel olarak algılanırken, kalın bir tahta engel kabul edilmeyecektir. Bu nedenle yolların spektral analizi, yola ait olmayan cisimlerin tespit edilmesini sağlamasına rağmen anlamlı sonuçlar vermeyecektir. Tercihen son pals lazer tarama veri setlerinden hesaplanmış bir DSM kullanılması daha anlamlıdır. Çünkü yolların ağaçlar tarafından örtülmesi durumunda, bu etki lazer ışınlarının ağaç tepelerini, en azından geniş yapraklı ağaçları geçebilmesi ile minimuma indirilebilir.

Şekil 5.5 Son pals lazer tarama ile elde edilmiş bir DSM

Şekil 5.5'de böyle bir veri grubu örneği görülmektedir. Engel tespiti işleminde kullanılan yükseklik düzlemi bölümleme algoritması, aynı zamanda bina yeniden oluşturma işleminde çatı düzlemi bölümlemesi için de kullanılır. Bölümleme işlemi sırasında yollar büyük parçalara ayrılır ve engeller, bu parçaların oluşturduğu büyük düzlemler üzerinde göze çarpıcı elemanlar olarak görülür. Şekil 5.6'da böyle bir bölümleme işleminin sonucu görülmektedir [26].

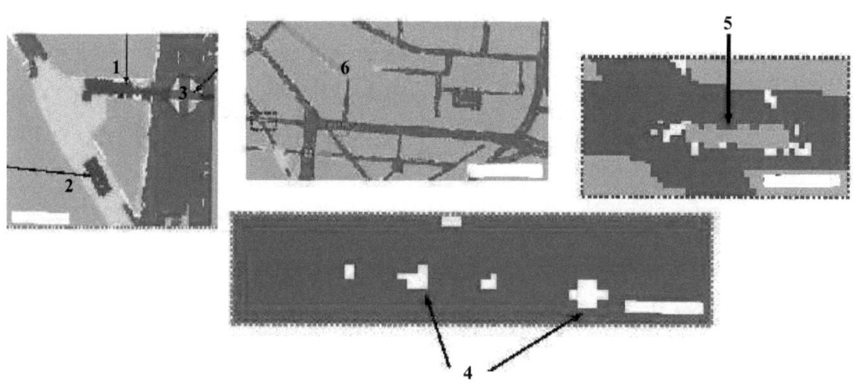

Şekil 5.6 Yol üzerindeki engeller

Bu örnekle yollar koyu alanlar biçiminde, engeller ise yol üzerindeki daha açık cisimler halinde görülür. Cadde ağının büyük parçaları tek tek düzlemler halinde bölümlenir ve siyah renk ile gösterilir. Ancak sol üst köşede olduğu gibi dik bir eğim söz konusu olduğunda, yol fazladan bir düzleme (6) daha bölünür. Yol üzerinde değişik nitelikte arabalar (4), tramvay (5), hareketli olmayan köprü (1) (3), durak sundurması (2) gibi detaylar da mevcut olabilir.

Görüleceği gibi, bu yöntem ile tespit edilen engellerin tamamı gerçek engel olmayabilir. Bir köprüye ait olan 1 ve 3 nolu detayların altından geçen yol geçilebilir durumdadır. Bu tür bilgiler haritalardan veya bölgeye ilişkin diğer bilgi kaynaklarından toplanır ve bu detaylar aynen binalarda olduğu gibi, muhtemel hasarlar açısından analiz edilir.

6. UYGULAMA ÇALIŞMALARI

Fotogrametri ve uzaktan algılama veri ve yöntemleri kullanılarak tez konusu kapsamında; deprem öncesi ve sonrası hava fotoğrafları üzerinde yapılan ölçümlerle, zemin sıvılaşması ve fay hareketleri nedeniyle oluşan konumsal değişiklikler belirlenmiş, hava fotoğraflarından elde edilen Sayısal Yükseklik Modellerinin kullanımıyla Gölcük Bölgesinde deprem sonucu yıkılan binaların otomatik olarak tespit edilmesine yönelik bir çalışma gerçekleştirilmiş, Landsat 7 ETM+ (Tematik Mapper) görüntüleri kullanılarak bina hasarlarının yoğun olduğu bölgeler ile sıvılaşma alanlarının belirlenmesi konusunda çalışmalar yapılmıştır. Ayrıca ERS 1 Interferometrik SAR görüntüleri kullanılarak bir uygulama çalışması planlanmıştı. Ancak merhum Prof.Dr. Aykut BARKA'dan temin edilen görüntüler PCI ve Erdas Imagine sistemlerinde açılamadığı için, bu çalışma gerçekleştirilememiş, Japonya'da yapılan benzeri bir çalışmadan özet bilgiler verilmiştir.

6.1. Hava Fotoğrafları İle Yapılan Uygulama Çalışmaları

17 Ağustos 1999 tarihli Marmara Depremini takiben, Harita Genel Komutanlığınca bölgede jeodezik ölçüm faaliyetleri başlatılmış ve 8 Eylül 1999 tarihinde Avcılar, Çınarcık, Körfez, Adapazarı, Düzce bölgelerini kapsayacak şekilde 1:16.000 ölçekli siyah-beyaz hava fotoğrafları çekilmiştir. Zemin sıvılaşmasının tespitine yönelik çalışmalarda ideal durum; deprem öncesi ve sonrasına ait mümkün olduğunca büyük (1:5000, 1:10.000 gibi) ölçekli hava fotoğraflarının mevcut olmasıdır. Ancak, Harita Genel Komutanlığı arşivlerinde mevcut olan Körfez bölgesinin 1970'li yıllarda alınmış hava fotoğraflarında, nirengi noktaları mevcut olmadığı için ideal duruma uymamasına rağmen, 1994 tarihli 1:35.000 ölçekli hava fotoğrafları kullanılmıştır. Resim ölçeğinin küçük olması zayıf taraf gibi görülmekle birlikte, bölgedeki yapılaşma ve detay değişim yoğunluğu dikkate alındığında, deprem öncesi ve sonrası hava fotoğraflarının mümkün olduğunca birbirine yakın tarihli olması, özellikle tercih edilen bir konudur.

Depremden sonra çekilen hava fotoğrafları (yaklaşık 2000 adet) 21 μm piksel boyutlarıyla taranmış ve 100-200 resimlik bloklar halinde, digital fotogrametrik nirengi ölçüm ve dengeleme işlemlerinin takibinde, 860 adet 1:5000 ölçekli sayısal ortofoto harita üretimi gerçekleştirilmiştir. Dolayısıyla, mevcut resimlerin tamamının dış yöneltme parametreleri belirlenmiş durumdadır. Benzer şekilde, 1994 yılı 1:35.000 ölçekli hava fotoğrafları da analitik fotogrametrik nirengi işlemine tabi tutularak 1:25.000 ölçekli haritaların revizyonu amacıyla kullanıldığı için, model ve kolon bağlama noktalarının dengelenmiş koordinatları mevcuttur.

Revizyon amacıyla kullanılmış olan bu fotoğraflardan, Sapanca Gölü çevresini içeren bir blok seçilmiş ve sayısal hale dönüştürüldükten sonra, fotogrametrik nirengi ölçüm ve dengeleme işlemi gerçekleştirilmiştir. Waseda Ünivesitesi (Japonya) ile Harita Genel Komutanlığı arasında imzalanan bir protokol çerçevesinde, Körfez Bölgesi ile Sapanca Gölü çevresini içeren alanda; zemin sıvılaşmasının tespitine yönelik bir proje çalışması gerçekleştirilmiştir.

Bu çalışma kapsamında deprem öncesi ve sonrası resimlerde, mümkün olduğunca çok sayıda ve resim üzerinde her yöne dağılmış olmak üzere ortak noktalar seçilmiştir. Bu noktaların yol kavşağı, köprü, bina ve vb. detaylar üzerinde ve yapay değişime uğramayacak şekilde olmasına özen gösterilmiştir.

Digital fotogrametrik kıymetlendirme sistemlerinde operatörün manuel ölçüm doğruluğunun 0.5-1 piksel düzeyinde olacağı kabul edilirse, çalışmada kullanılan raster hava fotoğraflarında gerçekleştirilen fotogrametrik X, Y koordinatları okuma doğruluğunun resim ölçeğinde 10-20 μm, Z koordinatı okuma doğruluğunun da 30 μm düzeyinde olduğu değerlendirmesini yapmak mümkündür.

Sapanca Gölü kuzeyi (Eşme Bölgesi)'ni içeren modelde 302 adet noktada X, Y, Z koordinatları ölçülmüş ve bunlardan yararlanarak hareket vektörleri elde edilmiştir (Şekil 6.1). Bu bölgedeki hareketin ağırlıklı olarak doğu ve güneydoğu yönünde olduğu belirlenmiştir. Bu belirleme ve gölün kuzey kesiminde sıvılaşmanın gelişmediği dikkate alındığında, vektörlerin esas olarak faylanmaya bağlı hareketle uyum içinde olduğu anlaşılmaktadır [28]. Elde edilen sonuçlar; X yönünde 2.35 m.,

Y yönünde –0.43 m. ve Z yönünde ise 0.62 m'lik yer değiştirmelere işaret etmektedir.

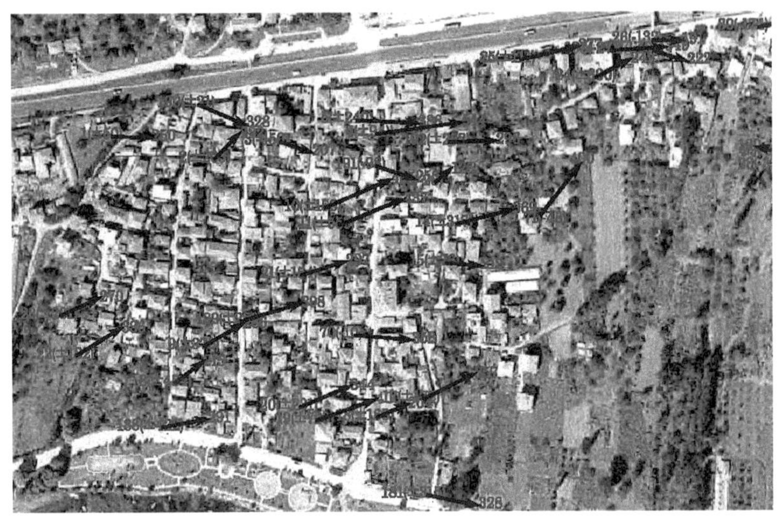

Şekil 6.1 Eşme bölgesi hareket vektörleri

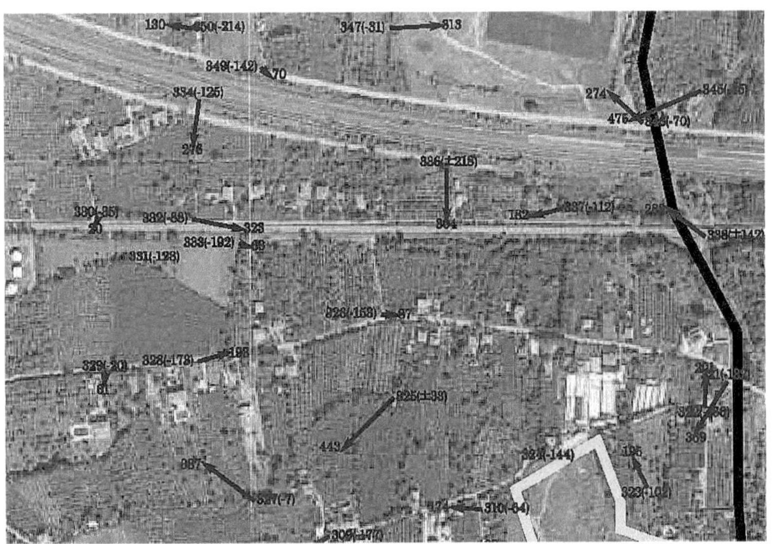

Şekil 6.2 Sapanca Gölü kuzey-batısı hareket vektörleri

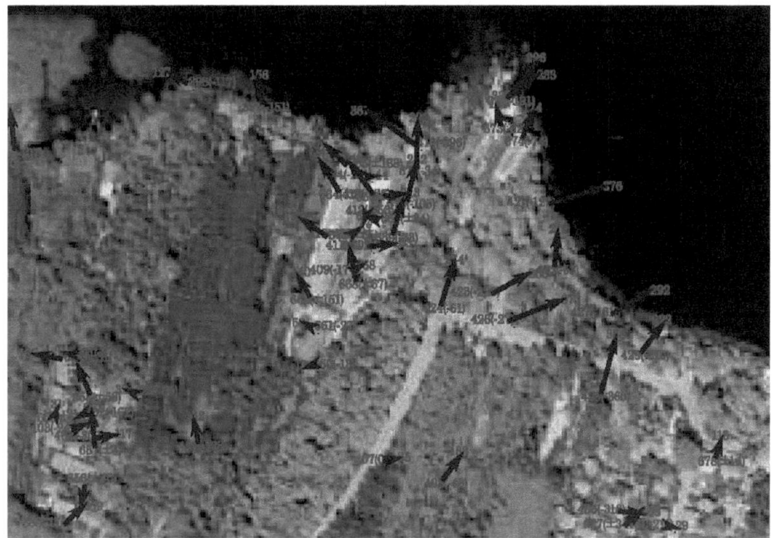

Şekil 6.3 Sapanca Oteli bölgesi hareket vektörleri

Sapanca Gölü sol köşesini (Şekil 6.2) içeren bölgede 423 adet noktada koordinat ölçümleri yapılmış ve elde edilen hareket vektörlerinin belirli bir yönde kümelenme göstermekten çok, tek düze olmayan bir hareket sergilediği görülmüştür. Bu bölgenin kuzey kısmında, Eşme'de görülen hareket ile benzer karakter taşıyan bir hareket tespit edilmiştir. Güney kısmında ise; ölçü yapılan bölgeden fayın geçmesi ve zemin özelliklerinin değişken olması nedeniyle, her yönde dağınık hareketler gözlenmiştir. Yer değiştirme miktarları; X yönünde 0.65 m., Y yönünde 0.25 m. ve Z yönünde 0.62 m.dir.

Sapanca Oteli bölgesinde ise, 418 adet noktada koordinat ölçümü yapılmış ve elde edilen hareket vektörlerinin bölgede yaygın olarak gözlenen sıvılaşma ve sıvılaşmanın göstergesi olabilecek diğer kanıtlar nedeniyle kuzeye, yani göle doğru olduğu gözlenmiştir (Şekil 6.3, 6.4). Bölgede ortalama yer değiştirme miktarı; X yönünde 0.42 m., Y yönünde 0.84 m. ve Z yönünde ise –1.70 m.dir.

Şekil 6.4 Sapanca Oteli

6.2. Deprem Hasarlarının Hava Fotoğraflarından Elde Edilen SYM'leri Kullanılarak Otomatik Olarak Belirlenmesine Yönelik Çalışma

6.2.1. Otomatik SYM oluşturma

SYM'lerinin stereo görüntülerden otomatik olarak oluşturulmasında, otomatik korelasyon yöntemleri kullanılır. Otomatik görüntü korelasyonu, stereo çift oluşturan boyuna bindirmeli iki görüntünün aynı anda digital analizine dayalıdır. İşlem; kamera (ya da algılayıcı) konum bilgilerini kullanarak, iki resmin orta noktaları ile izdüşüm merkezini içine alan epipolar düzlemin hesaplanmasıyla başlar. Sonra görüntü çiftinin bir resmi, epipolar düzlem içerisinde herhangi bir referans noktaya göre epipolar doğrular boyunca korelasyon işlemi ile örneklenir ve en iyi karşılık gelen nokta bulunur. Korelasyon sonuçları kontrol edilir ve yumuşatma yöntemleriyle düzeltilir, eğer sonuçlar yetersiz ise, işlemler iterasyonlar halinde devam eder. Son adımda, yükseklikler harita geometrisine göre hesaplanır.

Pikseller arasındaki benzerlik ölçümünde, 3x3 veya 9x9 piksel boyutlarındaki pencereler ile komşuluk ilişkisi aramak yeterli olmaktadır. Buradaki boyut deneyimlerle ve görüntü kalitesine, arazi engebe durumuna ve hesap süresine bağlı olarak değiştirilebilir. Benzerlik ölçümü için bir görüntü referans alınır ve pencere merkezi, ilgilenilen piksel üzerine uygulanarak araştırma yürütülür. Sonra ikinci görüntü, araştırma penceresi ile dolaşılarak her bir piksel konumu için benzerlik indeksi hesaplanır. İşlem, en yüksek korelasyona sahip piksel bulununcaya kadar devam eder. Ancak çok büyük bir hesap yükü getirir. İşte bu hesap yükünü azaltmak için, yukarıda sözü edilen epipolar geometri üzerinde tek bir hat üzerinde araştırma yapılır. Ayrıca, alan içerisinde minimum ve maksimum yükseklikler de tanımlanarak bir kısıtlama daha sağlanabilir.

Genelde birbirleriyle komşuluk ilişkisi olan pikseller yüksek korelasyonludur. Yani, elde edilecek bilgilerin çoğu fazladır ve araştırma programı çok fazla zaman harcar. Benzerlik indeksini hesaplama süresini azaltmak için, araştırma işlemleri görüntü piramitleri üzerinde gerçekleştirilir.

Otomatik SYM oluşturmanın doğruluğuna etki eden en temel ve önemli faktörlerden birisi, kullanılan görüntü eşleme teknikleridir. Alana bağlı ve detaya bağlı eşleme tekniklerinde en çok kullanılan yaklaşımlar, çapraz korelasyon ve en küçük kareler eşleme yöntemleridir.

Tipik bir çapraz korelasyon işlemi Şekil 6.5 ve 6.6'da görülmektedir. Sol resimdeki küçük bir kalıp penceresi (a) ve buna karşılık gelen daha büyük bir araştırma penceresi (b) ve iki pencerenin çapraz korelasyon fonksiyonlarının çizimi de (c)'de yer almaktadır.

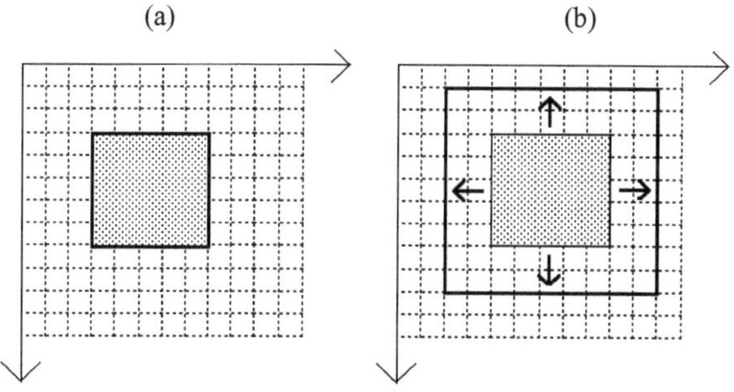

Şekil 6.5 Çapraz korelasyon ile piksel eşleme

6.2.2. Gölcük bölgesine ilişkin uygulama çalışması

Bölüm 6.1'de belirtilen deprem öncesi ve sonrası hava fotoğraflarından seçilen Gölcük ve çevresini kapsayan iki stereo model, bu çalışmada kullanılmıştır.

Sayısal Yükseklik Modeli oluşturma işlemi, Şekil 6.7'de yer alan diyagram çerçevesinde, Vision Softplotter digital fotogrametrik çalışma istasyonunda gerçekleştirilmiştir. Block Tool modülü ile fotogrametrik nirengi sonuçları (yöneltme dosyası) sisteme dahil edilmiş ve resimlerin iç yöneltmeleri yapılmıştır.

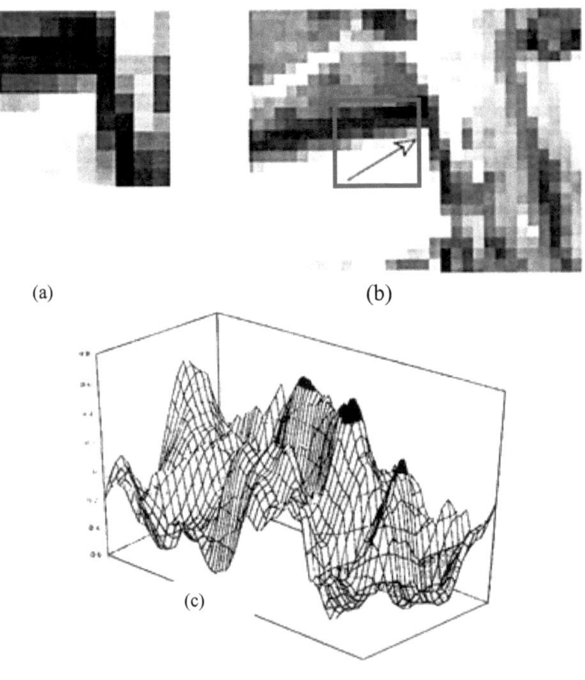

Şekil 6.6 Çapraz korelasyon

(a) Sol pencere, (b) Sağ pencere, (c) Çapraz korelasyon fonksiyonu

DEM Tool ile; kullanıcı tarafından tanımlanan arazi uzaklık matrisine uygun olarak, sayısal yükseklikler otomatik olarak toplanmıştır. 8 m. grid aralığı kullanılmış ve stereoskopik görüntü üzerine yansıtılan SYM, operatör tarafından kontrol edilerek interaktif biçimde düzeltilmiştir. Tüm alan için yeterli doğrulukta korelasyon sağlanamadığı için, SYM içinde oluşan boşluklar manuel olarak doldurulmuştur. Elde edilen SYM'ler şekil 6.8'de görülmektedir.

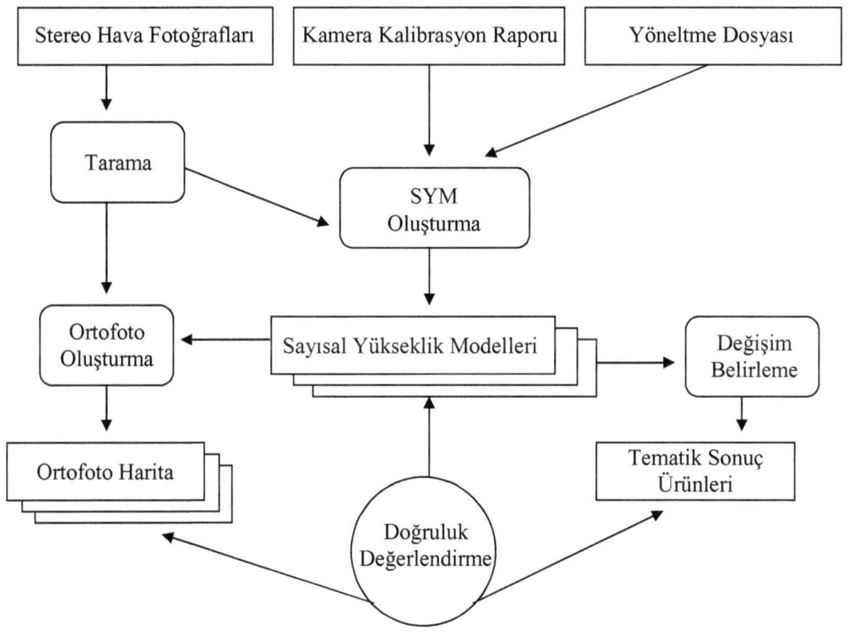

Şekil 6.7 Sayısal yükseklik modeli oluşturma işlemi

6.2.3. Deprem hasarlarının SYM kullanımı ile otomatik olarak belirlenmesi

Deprem öncesi ve sonrası görüntülerden elde edilen SYM'ler birbirinden çıkartılmış ve deprem nedeniyle oluşan yükseklik değişimleri belirlenmiştir. Sonuç, tematik bir katman halinde her bir pikselin yükseklik farkını göstermektedir.

Şekil 6.8 Otomatik olarak elde edilen interaktif düzeltmeler ile tamamlanan SYM

a) Ortofoto (b) İki SYM'nin farkı

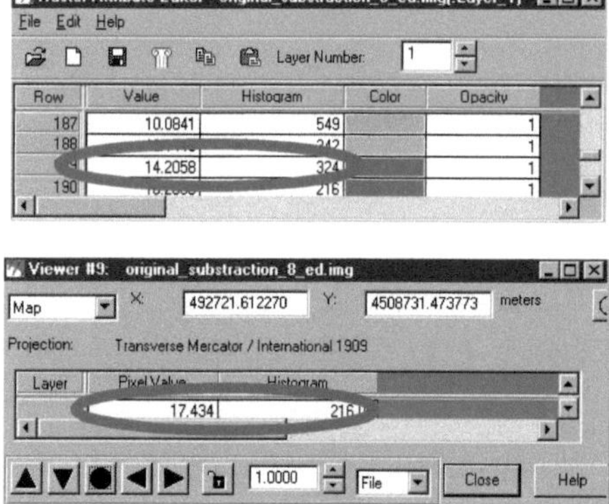

Şekil 6.9 İki SYM farkından elde edilen değişimler.

Kırmızı renkli pikseller SYM farkları olup 14.2 m.lik yükseklik farkını ifade etmektedir. Grid hattının kesişim noktası 17.4 m.lik yükseklik farkına sahiptir.

a) Ortofoto (b) Editlenmiş iki SYM'nin farkı

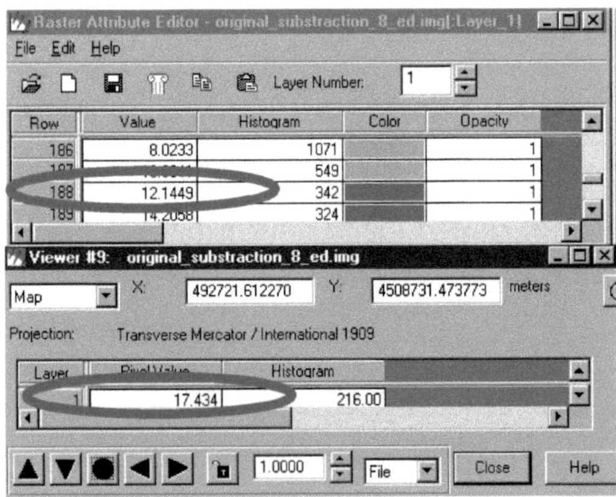

Şekil 6.10 Editlenmiş SYM farkları ile elde edilen değişimler

Bu aşamada SYM'lerin doğruluğu önemli bir role sahiptir. Bazen SYM'leri editleme gereği doğabilir veya en azından doğruluğu yükseltmek için yapılması uygun olabilir. Şekil 6.9 ve 6.10 incelendiğinde, oldukça tatminkar sonuçlar elde edildiği, ancak editleme işlemi uygulanan SYM'leri ile doğruluğu daha yüksek sonuçlara ulaşıldığı görülebilir. Eğer daha büyük ölçekli hava fotoğrafları kullanma imkanı olursa, yıkılan veya çöken binaların tamamına yakın kısmının bu yöntem ile belirlenmesi olasıdır.

6.3. Landsat Uydu Görüntüleri Kullanılarak Depremden Zarar Gören Alanların Belirlenmesi

Önceki bölümlerde anlatılan uygulamalar, küçük alanları etkileyen depremlerin yol açtığı zararları ve konum değişimlerini tespit etmek için daha uygun olmasına karşın, Marmara Depremi gibi çok büyük alanları etkisi altına alan depremlerin sonuçlarını incelemek, hızlı ve güvenilir bir biçimde bilgi temin etmek için, uzaktan algılama verilerini kullanmak uygun çözüm yolu olarak görülmektedir.

Bu çalışmada Landsat 7 ETM+ (Enhanced Tematic Mapper) uydu görüntüleri kullanılarak bölgesel hasarlar ve deniz altında kalan alanlar tespit edilmeye çalışılmıştır.

6.3.1. Landsat 7 ETM + uydu görüntüleri

Landsat 7 uydusu 1999 yılı Nisan ayında yörüngeye yerleştirilmiş olup, pankromatik modda 15m, yakın ve orta kızılötesi bandda 60m. ayırma gücüne sahip görüntüler sağlamaktadır. (Tablo 6.1)

Uydu, dünya etrafında ortalama 705 km. yükseklikte, 98° eğim açısıyla, alçalma sırasında ekvatoru yerel saatte 10'da geçen bir yörüngede döner. Yörünge kontrol alt sistemi, uyduyu üç eksende sabit olarak ve dünyaya doğru 0.05^o yönlendirilmiş olarak tutar. Landsat Dünya Referans Sistemi Kataloğu dünya yüzeyini 183 km x 170 km'lik 57.784 adet görüntüyle kapatır.

Tablo 6.1 Landsat 7 Uydusunun Spektral ve Konumsal Çözünürlüğü

Band Numarası	**Spektral Aralık (mikron)**	**Yer Çözünürlüğü (m)**
1	0.45 - 0.515	30
2	0.525 - 0.605	30
3	0.63 - 0.690	30
4	0.75 - 0.90	30
5	1.55 - 1.75	30
6	10.40 - 12.5	60
7	2.09 - 2.35	30
Pan	0.52 - 0.90	15

Landsat 4 ve 5 verilerinden farklı olarak; pankromatik bandda 15m çözünürlük sağlar, iki yeni görüntüleme aralığı mevcuttur ve 60m çözünürlüklü termal bandı ile radyometrik kalibrasyon doğruluğunu sağlamak üzere, iki güneş kalibre edici düzeneği eklenmiş durumdadır. Uydunun ayrıntılı özellikleri tablo 6.2'de verilmiştir.

Tablo 6.2 Landsat 7 uydusuna ait genel özellikler

Kolon Genişliği	185 kilometre
Görüntü Yan Bindirmesi	%7.3 (0° enlem) ile %83.9 (80° enlem)
Görüntü Tekrarlama Aralığı	16 gün (233 yörünge)
Yörünge Periyodu	98.8 dakika
Yükseklik	705 kilometre, dairesele yakın
Algılayıcı Çeşidi	Optik-mekanik tarayıcı
Kayıt Türü	9 bitin en iyi 8'i seçilerek
Veri Depolama Yeteneği	~375 Gbyte
Yörünge	Kutupsala yakın, güneş uyumlu
Eğim Açısı	98.2 derece
Ekvator Geçişi	Alçalma durumunda: Ö.Ö. 10:00 +/- 15 dakika
Bakış	Nadir
Yörüngeye Yerleştirme Aracı	Delta II
Yörüngeye Yerleştirme Tarihi	15 Nisan 1999

Eros Veri Merkezi; OR Düzeyi (ham görüntü), 1R (radyometrik olarak düzeltilmiş OR) ve 1G (radyometrik ve sistematik olarak düzeltilmiş OR) olmak üzere, üç ayrı düzeyde veri sunmaktadır. Görüntülerin işlenmesi sırasında, OR görüntüler final harita projeksiyonunu, dönüklük açısını, piksel boyutunu ve yeniden örnekleme yöntemini içeren kullanıcı tarafından tanımlanan parametrelere göre iki boyutlu olarak yeniden örneklenir. Standart veriler CD'ler 8mm.'lik teypler veya FTP aracılığıyla elektronik olarak kullanıcılara ulaştırılır.

6.3.2. Görüntü geometrisi ve Coğrafi konumlandırma

Düzey 1G ETM+ görüntüleri, 1R düzeyindeki görüntülerin radyometrik olarak düzeltilen piksellerinin yeniden örneklenmesi ile oluşturulur. Bu ürün ile; zamana bağlı uygulamalarda, hassas bir biçimde görüntüden görüntüye uyumlandırma olanağı ve birbirine uyumlu bandlarla kullanıcının tanımlayacağı kartoğrafik projeksiyon sisteminde görüntü temini amaçlanmaktadır. Sistem, yalnızca Landsat 7 düzeltme dosyalarında yer alan efemeris ve konum verilerini ve kalibrasyon parametre dosyalarında yer alan algılayıcı odak düzlemi ve dedektör düzletme parametrelerini kullanmaktadır. Düzeltme parametreleri, geometrik kalibrasyon alanları olarak seçilen görüntüler kullanılarak, uydunun yörüngeye oturtulmasından itibaren sürekli olarak güncelleştirilmektedir. Yer kontrol noktaları kullanılmaksızın yapılan konumlandırma işlemi, sistematik düzeltme olarak bilinmektedir. Taşıyıcı düzeltme verisinden elde edilen efemeris bilgileri kullanılmak suretiyle sistematik olarak düzeltilmiş görüntülerin jeodezik doğruluğu, genellikle ± 50m. den daha iyi durumdadır. Eğer sistematik hata etkileri giderilmiş olan farklı tarihli iki ETM+ görüntüsü bir harita referansına çakıştırılırsa, ± 5m. doğrulukla uyumlandırılması beklenebilir [29].

6.3.3. Landsat 7 uydu görüntüleri ile Gölcük bölgesinde gerçekleştirilen uygulama

Bu çalışmada, deprem bölgesinin önemli bir bölümünü kapsayan ve depremden bir hafta önce (10.08.1999) ile birkaç saat sonra (17.08.1999) alınmış Landsat uydu

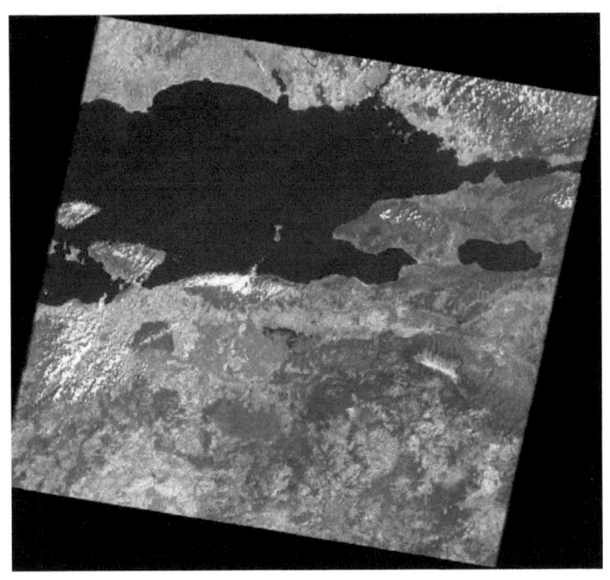

Şekil 6.11 Landsat 7 ETM+ uydu görüntüsü

Şekil 6.12 Ortorektifiye edilmiş hava fotoğrafı

görüntüleri (Şekil 6.11) kullanılmıştır. Görüntülerin ortorektifikasyon işleminde ve elde edilen değişimlerin kontrolünde, 8 Eylül 1999 tarihinde çekilen 1/16.000 ölçekli hava fotoğrafları (Şekil 6.12) ve bunlardan üretilen TIN (triangulated irregular network-düzensiz yapıdaki üçgensel ağ) kullanılmıştır. Ortorektifikasyon işlemi, Erdas Imagine 8.4 yazılımı kullanılarak gerçekleştirilmiştir. Öncellikle Landsat görüntüleri Erdas Imagine formatına dönüştürülmüştür. Ortofoto harita üzerinden birinci görüntüde 8 adet, ikinci görüntüde 10 adet uygun dağılımlı yer kontrol noktası seçilmiştir. Sonraki adımda, iki farklı yaklaşım kullanılarak değişiklik tespiti yapılmıştır (Şekil 6.13).

Şekil 6.13 İlgilenilen alanda asal bileşen analizi sonucu tespit edilen değişiklikler

Landsat'ın altı spektral bandı 30m. çözünürlüklü olup, elektromanyetik spektrumda oldukça geniş bir aralığa sahiptir. İlk olarak, bu altı band üzerinde asal bileşen analizi yapılmış ve tek bir asal bileşene dönüştürülmüştür. Sonuç ürün bütün bandlardaki bilgilerin büyük kısmını içermektedir.

Otomatik değişiklik tespiti, farklı parametreler kullanılarak gerçekleştirilmiştir. Bu parametreler; bir noktanın iki farklı tarihli görüntüde sahip olduğu gri değerleri arasındaki farkın oranı olup, yüzde olarak ifade edilmektedir. Bu parametrenin küçük tutulması (% 5, %10), düşük doğrulukta çok detaylı değişiklik bilgisi için uygundur. Küçük yüzdeli değişimler; iki görüntünün alım anındaki atmosferik koşulları ve güneş ışınlarının yer yüzeyine değişik açılardan gelmesi gibi nedenlerden dolayı oluşabilmektedir. Yüksek oranlar (8 % 25, % 35 gibi) yüksek doğrulukta bilgi vermesine karşın, arazide oluşan değişimlerin önemli bir bölümü tespit edilememektedir. Deneysel uygulamalar sonucu % 15 oranının kullanımı uygun bulunmuştur. Şekil 6.14 ve 6.15'de gösterilen sonuçlar, söz konusu bölgenin 1:16.000 ölçekli hava fotoğraflarından üretilen ortofoto haritalar ile karşılaştırıldığında; yoğun bina hasarlarının olduğu yerler ile deniz altında kalan alanların doğru tespit edildiği görülmektedir.

Şekil 6.14 Deniz altında kalan ve çöküntüye uğrayan alanlar

Şekil 6.15 Çöküntü ve hasar alanları

İkinci uygulamada pankromatik band kullanılmıştır. Bu band için % 10 değeri seçilmiş ve elde edilen sonuçlar, önceki uygulama ile karşılaştırıldığında, tespit edilen değişimlerin hemen hemen aynı olduğu görülmüştür. (Şekil 6.16, 6.17 ve 6.18)

Şekil 6.16 Pankromatik bandda tespit edilen hasarlar

Şekil 6.17 Çöküntü ve hasar alanları

Şekil 6.18 Çöküntü ve hasar alanları

6.4 Interferometrik Uydu SAR Görüntüleri Kullanılarak Marmara Bölgesinde Deprem Hasarlarının Tespitine Yönelik Olarak Gerçekleştirilen Çalışma

Deprem Hasarlarını Azaltma Araştırma Merkezi (EDM, Japonya) tarafından yapılan bir çalışma ile; 1999 Kocaeli Depreminde hasar gören alanların ERS/SAR verileri ve arazi ölçümleri vasıtasıyla saçınım (geri yansıma) karakteristikleri araştırılmıştır [9].

Daha önceki çalışmalardan edinilen deneyimler; yapay detayların, yapının ve zeminin speküler özelliği nedeniyle oldukça yüksek yansıma verdiğini göstermektedir [9]. Açık alanlar veya hasarlı binalar, mikrodalgaların farklı yönlerde saçınımına neden olduğu için kısmen daha düşük bir yansıma sağlarlar. Böylece, hasarlı bir deprem sonrası tespit edilen geri yansımanın yoğunluğu, afet öncesi elde edilen durumu ile kıyaslandığında daha düşük olabilir. Interferometrik bir analiz sonucu elde edilecek karmaşık uyum da, yüzeysel değişikliklerin tespit edilmesi için uygun ve duyarlı bir parametre olarak kullanılabilir. Çökmüş binalar fazı etkileyeceği için, afet öncesi ve sonrası görüntüler arasındaki uyum derecesi düşük olacaktır.

Çalışma kapsamında, bir Japon ekibi tarafından Gölcük ve Değirmendere'de detay ve sistematik arazi ölçümleri ile bina hasarları belirlenmiştir. Gölcük'teki her bir bina için, binalar çöküntü oranına ve blok içindeki toplam bina sayısına göre sınıflandırılmış ve A'dan E'ye kadar beş ayrı hasar kategorisi elde edilmiştir. Bunlar; % 0-6.25, 6.25-12.5, 12.5-25, 25-50 ve 50-100 şeklindedir.

Depremden etkilenen alanın deprem öncesi ve sonrası durumuna ilişkin ERS-1 ve ERS-2 görüntüleri kullanılmıştır. 80 m. baz mesafesi ile 13 Ağustos –17 Eylül 1999 tarihli görüntü çiftleri ile, 240 m. baz mesafeli 12-13 Ağustos 1999 tarihli görüntü çiftleri temin edilmiş ve hasarlı bölgedeki geri yansıtım değişimleri araştırılmıştır. En yakın komşuluk yöntemi ile optimum piksel çiftleri belirlenip bağlama noktası olarak kullanılarak, bütün görüntüler 13 Ağustos tarihli görüntüyle çakıştırılmıştır.

Her çift için genlik farkı değerleri hesaplanmış ve sonra da yoğunluk farkı görüntüleri oluşturulmuştur. İki tek bakışlı genlik görüntüsü arasındaki korelasyon katsayısı, ilgilenilen küçük bir pencere için hesaplanmıştır. Bu işlemi takiben, konumsal ortalama almak suretiyle aynı boyutta bir korelasyon görüntüsü oluşturulmuştur.

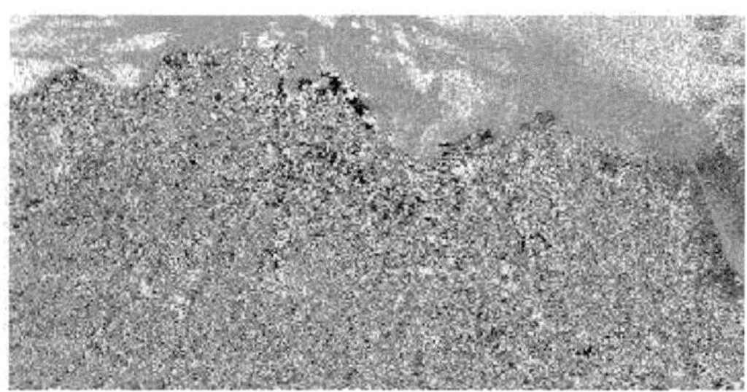

Şekil 6.19 Yoğunluk farkları görüntüsü

SAR görüntülerinde her bir hasar sınıfı için uygun pikseller seçilmiş ve yoğunluk farkları (Şekil 6.190), yoğunluk korelasyonu ve hasarlı alanlarda karmaşık uyum düzeyini belirlemede kullanılmıştır. Hasar düzeyi arttıkça yoğunluk korelasyonu azalır yaklaşımı burada da geçerliliğini korumuştur.

SAR görüntülerinde, öncelikle uyum değerleri belirlenen basamak değerden (0.35) küçük alan pikseller başarısız olarak tanımlanmış, sonra bu değere eşit ve yüksek olan pikseller ayrım işlemine sokulmuştur. Genlik farkları ve korelasyon görüntüleri için basamak değerler –2.0 ve 0.2 olarak seçilmiştir. Korelasyon değerleri, basamak değerden küçük olan pikseller ağır hasarlı, değerleri orta hasarlı olarak değerlendirilmiş ve Şekil 6.20'de görülen sonuç elde edilmiştir.

Şekil 6.20 ERS/SAR görüntüleri ile hasar tespiti

7. SONUÇ VE ÖNERİLER

Ülkemiz tarih boyunca deprem faaliyetleri ile sarsılmış, büyük boyutlarda can kayıplarına ve maddi hasarlara uğramıştır. Diğer taraftan, mevcut fay hatları ve tektonik yapı nedeniyle, potansiyel risk devam etmektedir.

17 Ağustos 1999 tarihli deprem, etki alanı ve depremin boyutları hakkında hızlı ve güvenilir bilgi ihtiyacının, ne denli önemli olduğunu ortaya koymuştur. Bu bağlamda, en hızlı bir biçimde temin edilebilecek veri kaynaklarından birisi, uygun ölçekte çekilmiş hava fotoğraflarıdır. Diğer taraftan, deprem araştırmalarına yönelik bilimsel faaliyetleri; jeodezi-jeoloji, fotogrametri-uzaktan algılama ve coğrafi bilgi sistemi bazlı yöntemler içerisinde toplamak mümkündür. Jeoloji ve jeodezi disiplinlerine dayalı yöntemler daha çok zemin mekaniği ve ana kara hareketleri açısından araştırmalara dayanak oluşturmuştur. Coğrafi bilgi sistemi tabanlı yöntemler ise, genellikle deprem sonrası yapılacak yardım, hasar tespiti ve yeniden yapılanma faaliyetlerine gerekli veriyi sağlamaktadır.

Hava fotoğrafları, uydu görüntüleri, SAR ve lazer tarama verilerinin kullanıldığı fotogrametri ve uzaktan algılama bazlı yöntemler; deprem nedeni ile oluşan konumsal değişimlerin, görüntü ölçeği ve ölçüm doğruluğu paralelinde bölgesel olarak belirlenmesi, yoğun bina hasarlarının ortaya çıktığı bölgelerin tespit edilmesi, ayrıca elde edilen görüntüler ile ivedilikle üretilebilecek ortofoto haritalar yardımıyla yeniden yapılanma faaliyetlerine altlık oluşturması bakımından geniş kapsamlı olanaklar sağlamaktadır.

Ülkemizde zemin sıvılaşması konusuna, 1992 yılında oluşan Erzincan Depremi sonrasında ilgi gösterilmeye başlanmış, ancak yapılan çalışmalar daha çok jeoloji-jeodezi disiplinleri içerisinde yer almıştır. Bu tez çalışmasının amacı, fotogrametri ve uzaktan algılama veri ve yöntemlerinin depreme yönelik araştırmalarda kullanılmasına önayak olmaktır. Fotogrametri ve uzaktan algılama yöntemlerinin bu amaçla kullanımı; sık aralıklarla görüntü elde edilerek konumsal değişimlerin sürekli izlenmesini sağlaması, nirengi noktaları tesisi dışında arazide ölçüm ihtiyacı göstermemesi, ilgilenilen bölgede farklı veri kaynakları kullanılmak suretiyle, detaylı inceleme yapma olanağı sağlaması gibi üstünlükler de taşımaktadır.

Hava fotoğrafları, özellikle dar kapsamlı deprem etki alanlarında detaylı analiz çalışmalarında kullanılabileceği gibi, geniş kapsamlı etki alanlarında üretilecek ortofoto haritalar yardımıyla, yeniden yapılanma çalışmaları için de güvenilir bir bilgi kaynağı olarak kullanılmaktadır.

Sıvılaşma alanlarının ve faylanma nedeniyle oluşan konumsal değişimlerin fotogrametrik yöntemler ile belirlenmesi için, deprem öncesi ve sonrası tarihlerde çekilmiş 1/10.000-1/16.000 ölçekli hava fotoğraflarının mevcudiyeti esas unsurdur. Tez çalışması sırasında görüldüğü üzere, Marmara Bölgesinde depremden kısa zaman sonra jeodezik ölçüm faaliyetleri tamamlandıktan sonra çekilmiş 1/16.000 ölçekli hava fotoğrafları bulunmasına karşın, eşidi ölçekte ve mümkün olduğunca depremden kısa süre önce çekilmiş, nirengi noktaları içeren hava fotoğrafları mevcut değildir. Bu nedenle, ideal duruma uymamasına rağmen, nirengi noktaları içermesi ve yakın tarihli olması nedeniyle, 1994 yılı çekimi 1/35.000 ölçekli hava fotoğrafları kullanılmıştır.

Depreme yönelik bilimsel ve araştırma faaliyetlerini yürütüm kurum ve kuruluşlar ile üniversitelerin, gerilimin arttığı fay hatları ve sıvılaşma alanları üzerinde uygun ölçekte hava fotoğrafı alımı konusunu göz ardı etmemeleri, kaynak ayırmaları ve Harita Genel Komutanlığı ile Tapu Kadastro Genel Müdürlüğünü kanalize ederek katkılarını beklemeleri, gelecekteki çalışmalar için önemli yararlar sağlayacaktır.

Diğer taraftan, söz konusu amaçlar için özellikle daha dar etki alanlarında, hava fotoğraflarından daha hızlı bir şekilde güvenilir bilgi sağlayan lazer tarayıcılar; ülkemizde henüz mevcut olmaması ve tesis maliyetlerinin yüksek olması nedeniyle, gelecekte kullanılmak üzere gelişmeleri yakından takip edilmesi gereken sistemlerdir. Aynı paralelde GPS-IMU (Inertial Measuring Unit) donanımlı digital hava kameraları kullanılması halinde; hem yer kontrol noktası tesis ve ölçümü, hem de film tarayıcılar ile sayısallaştırma faaliyetlerine gerek kalmaksızın, doğrudan doğruya dış yöneltme parametreleri hesaplanmış digital görüntüler temin etmek mümkün olabilecektir. Bu teknoloji ve yöntemde ortaya çıkan gelişmeler takip edilmeli, uygun ve yeterli şartlar oluştuğunda ülkemize kazandırılmalıdır.

Marmara Depremi gibi çok geniş alanları etkisi altına alan depremlerde, Landsat uydu görüntüleri uygun bir veri kaynağı olarak gerek yurtdışında [9,32], gerekse son zamanlarda ülkemizde [33,34] kullanılmaktadır. Bu noktada doğruluğu ve güvenilirliği etkileyen unsurlar; değişim belirlemede kullanılacak olan görüntülerin yakın tarihli veya yılın aynı zamanlarında alınmış, aynı bakış açısıyla ve aynı ayırma gücü ile veri toplayan algılayıcı görüntüler olmalarıdır. Tez çalışmasında kullanılan Landsat 7 görüntülerinin bir hafta aralıklı olması ve ortorektifikasyon için uygun verilerin varlığı, alınan sonuçların doğruluğunu olumlu yönde etkilemiştir.

Öte yandan, interferometrik SAR görüntüleri ile elde edilen interferogramların aktif fay hatlarında doğrusal, odaksal bir merkezin söz konusu olduğu deformasyonlarda ise dairesel bir diziliş göstermesi, interferogram üzerinde aynı rengin her tekrarlanışının 28 mm'lik (ERS 1-2 de) bir deformasyona karşılık gelmesi gibi çok önemli olanaklar sağlaması dikkate alınmalı, gerçekleştirilecek diğer tez ve benzeri çalışmalara konu oluşturmalıdır.

Jeoloji, Jeo-fizik, Jeodezi, Sismoloji gibi farklı disiplinlerin ilgi alanı içerisinde yer alan deprem araştırmalarında başarı grafiğini yükseltmek için, fotogrametri ve uzaktan algılama da göz ardı edilmeden ekip anlayışı içerisinde çalışılması gerekli görülmektedir.

KAYNAKLAR

[1] **Youd, T. Leslie.,** 1992. Liquefaction, Ground Failure, and Con-sequent Damage During the 22 April 1991 Costa Rica Earthquake, in Proceedings of the NSF/UCR U.S. Costa Rica Workshop on the Costa Rica Earthquakes of 1990-1991; Effects on Soils and Structures . Oakland, California, Earthquake Engineering Research Institute.

[2] **Leighton and Associates,** 1993. Liquefaction of Soils and Engineering Mitigation Alternatives, Diamond Bar, California; Leighton and Associates.

[3] **California Division of Mines and Geology (CDMG),** 1992. Draft GuideLines; Liquefaction Hazard Zones, Sacramento, California; CDMG.

[4] **Hamada, M. and O' Rourke, T.D.,** 1992. Case Studies of Liquefaction and Lifeline Performance During Past Earthquakes, Volume 1, Japan.

[5] **Kasapoğlu, E., Ulusay, R., Gökçeoğlu, C., Sönmez, H. and Tuncay, E.,** 1999. A Site Investigation of Eastern Marmara Earthquake of August 17, 1999, Hacettepe University, Geological Engineering Department, Ankara, 95 p.

[6] **Earthquake Engineering Committee,** 1999. Investigation into Damage to Civil Engineering Structures in the 1999 Kocaeli Earthquake-Turkey, Japan Society of Civil Engineers, Japan.

[7] **EDM Technical Report No 6,** 2000. Report on the Kocaeli, Turkey Earthquake of Auğust 17, 1999 Miki, Japan.

[8] **Youd, T. L. and Hoose, S. N.,** 1978. Historic Ground Failures in Northern California Triggered by Earthquakes, U.S. Geological Survey Professional Paper 993.

[9] **Matsuoka M., Yamazaki F.,** 2000. Proc. Of 6 th International Conference on Seismic Zanation, EERI, 2000, Japan.

[10] **Radar Imagery,** Theory and Interpretation Lecture Notes, 1993. Remote Sensing Centre, Research and Technology Devlp. Div Agriculture Dept., Rome,

[11] **Freeman T.,** 2000. What is İmaging Radar, Jet Propulsion Lab, Imaging Radar Program, http://www.jpl.nasa.gov/desc/imagingradar.titml.

[12] **Cerbollo G.,** 2000. Statistically-based Multiresolution Network Flow Phese Unwrapping for SAR Interferometry, Dissertation, KTH, Stockholm, Sweden.

[13] **Copes R., Haynes M.,** 1996. A Guide to SAR Interferometry.

[14] **Gens R., Genderen J.V.,** 1996. SAR Interferometry Issues, Techniques, Applications. Int.J.Remote Sensing 17, 1803-1835.

[15] **Vosselman G., Maas H.G.,** 2001. Adjustment and Filtering of Raw Laser Altimetry Data, Proc. Of OEEPE, Stockholm, Sweden.

[16] **Banler R.,** 1999. The SRTM Mission: A World-wide 30 m. Resolution DEM from SAR Interferometry in 11 Days.

[17] **Gong ve diğ.,** 1992. Registration Noise Reduction in Difference Images for Change Detection, Int.to of Remote Sensing, 13 (4) p.773-779

[18] **Önder M.,** 1999. Coğrafi Bilgi Sistemlerinde Uzaktan Algılama, Hacettepe Üniversitesi, Jeoloji Müh. Böl. 64-69 Ankara.

[19] **Mather PM.,** 1987. Computer Processing of Remotely Sensed Images, John Wiley & Sons Press, England.

[20] **Jensen J.R.** 1996. Introductory Digital Image Processing A Remote Sensing Perspective, Second Edition, Prentice Hall, USA.

[21] **Cramer M.,** 1999. Direct Geocoding is Aerial Triangulation Obsolete Photogrammetric Week'99, Stuttgart.

[22] **Jacobsen K.,** 2000. Aspects of Handling Orientation by Direct Sensor Orientation, ASPRS Annual Convention 2000, Washington.

[23] **Dowman I., Fischer P.,** 2001. A Compasision of IfSAR and LIDAR Over hte Vaihingen Test Site, OEEPE Workshop, March 2001, Stockholm, Sweden.

[24] **Hyyppa J., Inkinen M.,** 1999. Detecting and Estimating Attributes for Single Trees Using Laser Scanner, The Photogrammetric Journal of Finland, 16 (2), pp 27-42

[25] **Weaver C., Lindenberger J.,** 1999. Experinces of 10 Years Laser Scanning, Photogrammetric Week'99, Stuttgart.

[26] **Dowman I.,** 2001. Airborne Interferometric SAR A Review of the State of the Art and of OEEPE Retivities, Proc. Of OEEPE, Stockholm, Sweden

[27] **Steinle E., ve diğ.,** 2001. Laserscanning for Analysis of Damages Caused by Earthquake Hazards, Proc. Of OEEPE, Stockholm, Sweden.

[28] **Yusuf Y.,ve diğ.,** 2001. Construction of 3D Models for Elevated Objects in Urban Areas Using Airborne SAR Polarimetric Data, Geoinformatics & DMGIS, 2001.

[29] **Ulusay R.,** 2002. Kişisel Görüşme.

[30] **Aksu O., Erdoğan M., Yılmaz A.,** 2001. Landsat Uydu Görüntüleri ve 17 Ağustos 1999 Gölcük Depreminden Zarar Gören Alanların Otomatik Olarak Tespitinde Kullanımı, Harita Dergisi, Sayı 126, Ankara.

[31] **Avery, T.E., Berlin G.L.,** 1992. GIS and Land Use Cover Mapping, Chapter 8 Fundementals of Remote Sensing and Airphoto Interpretation 5th ed., Minneapolis: Burgess Publishing Co. p.201-204

[32] **Estrada M., ve diğ.,** 2000. Use of Optical Satellite Images for the Recognition of Areas Damaged by Earthquakes, Int. Conference on Seismic Zonation, EERI, Japan.

[33] **Barka A., ve diğ.,** 2000. The 1999 İzmit and Düzce Earthquakes: Preliminary Results, İstanbul Teknik Üniversitesi.

[34] **Köse O.,** 2000. Kuzey Anadolu Fay Kuşağında Teknik Gerilim Birikim Noktalarının Uzaktan Algılama Teknikleri İle Belirlenmesi, Doktora Tezi, Hacettepe Üniversitesi, Jeoloji Müh. Böl.

ÖZGEÇMİŞ

26 Eylül 1960 tarihinde Ordu'da doğmuştur. İlk ve orta öğrenimini Samsun'da tamamlamış, KHO'dan mezun olduktan sonra, 1981-2008 döneminde harita mühendisi subay olarak Harita Genel Komutanlığı'nda görev yapmıştır. 2002 yılında İTÜ İnşaat Fakültesi Jeodezi-Fotogrametri Mühendisliği Bölümünde Doktora eğitimini tamamlamıştır. 2008 yılında kamudan emekli olmuş ve yut dışında proje yöneticiliği yapmıştır. Halen Okan Üniversitesi Geomatik Mühendisliği Bölümünde öğretim üyesi olarak görev yapmaktadır. Evli ve iki çocuk babasıdır. İngilizce bilmektedir.

Printed by Books on Demand GmbH, Norderstedt / Germany